阅读成就思想……

Read to Achieve

治愈系心理学系列

Emotion Full

我比焦虑更强大

拯救各种情绪崩溃

[美]劳伦·伍兹◎著　刘元◎译
（Lauren Woods）

**A Guide to Self-Care
for Your Mental Health and Emotions**

中国人民大学出版社
·北京·

图书在版编目（CIP）数据

我比焦虑更强大：拯救各种情绪崩溃／（美）劳伦·伍兹（Lauren Woods）著；刘元译. -- 北京：中国人民大学出版社，2022.1
ISBN 978-7-300-30005-4

Ⅰ. ①我… Ⅱ. ①劳… ②刘… Ⅲ. ①情绪－自我控制－通俗读物 Ⅳ. ①B842.6-49

中国版本图书馆CIP数据核字(2021)第227761号

我比焦虑更强大：拯救各种情绪崩溃
[美] 劳伦·伍兹（Lauren Woods） 著
刘　元　译
Wo Bi Jiaolü Geng Qiangda: Zhengjiu Gezhong Qingxu Bengkui

出版发行	中国人民大学出版社		
社　　址	北京中关村大街31号	邮政编码	100080
电　　话	010-62511242（总编室）	010-62511770（质管部）	
	010-82501766（邮购部）	010-62514148（门市部）	
	010-62515195（发行公司）	010-62515275（盗版举报）	
网　　址	http://www.crup.com.cn		
经　　销	新华书店		
印　　刷	天津中印联印务有限公司		
规　　格	148mm×210mm　32开本	版　次	2022年1月第1版
印　　张	5.5　插页1	印　次	2022年1月第1次印刷
字　　数	100 000	定　价	55.00元

版权所有　　侵权必究　　印装差错　　负责调换

前　言

劳伦的话

你好，我是劳伦，是在线心理健康支持社区"积极网页"（The Positive Page）的创建者。

我之所以要写这本书，是因为我想创造一些东西，帮助你应对情绪困扰。而你之所以会读这本书，可能是因为你正身陷自己的心理问题中，或者你已经与它进行了长期的斗争——不管怎样，你都是需要帮助的！我希望当你觉得自己招架不住时，这本书能为你带来一些安慰。

你不必按顺序阅读这本书。事实上，这本书也不是所有的部分都与你的感受相关，你可以直接跳到自己感兴趣的部分。

我希望在这本书中，你至少能找到一个产生共鸣的部分，让你感觉自己被理解了。你可以花点时间阅读并标出你觉得有用的部分，以便需要时能很快找到自己最喜欢的名言或建议！你可以将一些书页折起来甚至撕下……总之，你可以以任何对你有用的方式使用这本书。

情绪过载意味着你的心智被太多的情绪所占据，以至于你觉得自己快要崩溃了。这些情绪可能是积极的，也可能是消极的，但同时拥有这么多情绪可能意味着你需要一些帮助来了解该如何处理它们。你的感受是你生活中非常重要的一部分，如果你的情绪过载，那你就应该花些时间好好关注一下自己的心理健康。

在你开始阅读这本书之前，我想先告诉你一些关于我自己的事情，以及为什么我要写这本书。我被诊断患有强迫症和健康焦虑（疑病症）。我今年20岁，但我从很小的时候就开始与心理问题做斗争。直到14岁那年，我才意识到在自己身上到底发生了什么，也才能够向他人诉说。多年来，我一直感到焦虑，但却不知道原因；我还因与强迫症有关的恐惧和行为而失眠。

多年来，我经历了严重的进食障碍、抑郁、恐惧与困惑。我不知道该如何求助，因为我不知道什么是焦虑症，更不用说强迫症了。这些年来，我一直没有得到适当的支持，我甚至都不知道该如何支持自己。所有这一切都是因为我缺少心理健康方面的教育和意识。如果我知道我的想法是有问题的，还导致我产生了不健康的行为，那我就会早点动起来改变现状。

当我第一次向朋友求助时，情况发生了变化。其中一个朋友鼓励我告诉我母亲，我一直在经历惊恐发作。向母亲敞开心扉是一件很可怕的事情。在那之后，我又花了两年的时间才找到治疗我的精神疾病的正确方法，因为我没有渠道去获得足够而准确的相关信息。我接受了两年不定期的短期心理咨询，尽管这让我感觉不那么孤独了，但这并不是我所需要的——即使是我的心理咨询师也知道这一点。我花了很长时间才得到正确的帮助——儿童和青少年心理健康服务（CAMHS），以及认知行为治疗（CBT）。现在我正在接受成人心理健康服务（AMHS），并将长期进行治疗。

我并不是一个人——通过"积极网页"联系我的人，很多从小就饱受精神疾病的困扰，但没有得到适当的治疗。

一开始，谈论自己的精神疾病真的很困难，甚至很可怕。但在我向母亲求助并获得支持的几年后，我意识到自己渴望提高人们对心理健康的认知，并向那些同样苦苦挣扎的人伸出援手。为了在互联网上提高人们的意识，用这种方式来谈论我的心理健康问题，同样令我心有余悸。我必须在心里告诉自己的第一件事是，谈论心理健康问题是被允许的，而且我不必为此感到内疚或认为自己很愚蠢。此外，即使我口口声声说自己的生活是多么地"艰难"，我也知道自己是很幸运的。首先，我是一个白人，居住在英国一个安全的社区——这些本身就是一种特权。我还成长在一个充满爱、条件不错的家庭。这些因素使我比世界上的很多人都幸运。换作是你，你可能也会产生一种内疚感，所以我想让你知道，我理解你的感受。

最终，我意识到，我不能仅仅因为自己的生活/成长环境的幸运而一辈子都背负着内疚感，从而忽视我的焦虑情绪。有一件事改变了我的看法，那就是我明白了一个事实，即精神疾病跟你的生活环境并没有多大关系。任何人都可能患上精神疾病。也许你的生活中存在使你感到快乐和精神振奋的东西，但精神疾病仍然可能会影响你。我的思维没有像它应该的那样运转——它很紊乱，进而导致我的行为方式也很不恰当。混乱的思维和感受让我既痛苦又害怕。强迫症是一种复杂的精神疾病，我需要承认这一点，以免在谈论自己的感受时觉得自己是在发牢骚或犯矫情。其实，谈论这件事很有意义。我之所以公开谈论自己的问题，并不是因为我这个人以自我为中心或是个被宠坏的孩子，而是因为这是我寻求治疗的方式，而且这样做也可以帮助他人，让他们觉得自己也可以这样做。

精神疾病影响了我生活的方方面面——我的学业、我的工作、我的健康、我的饮食习惯和体重、我的社交生活以及我和朋友、家人的关系，甚至还包括我的自我形象和日常生活的能力。精神疾病会将你击倒，使你陷入从不健康行为到持续的精神折磨的循环中。你可能会感到精疲力竭，但不知道如何或从哪里开始帮助自己。我曾经把强迫症描述为大脑里有一个恶霸，撒谎让你觉得自己是个坏人，让你害怕得不敢做任何事。这段经历中最令我欣慰的是，我发现自己的想法是有原因的。

14岁那年，我上网试图了解我的大脑里发生了什么，并找到了有关强迫症的信息。这让我意识到，如果你正在痛苦中挣扎，觉得自己的心理健康出了问题，那么读一些相关的书并和医生聊聊是很重要的。你值得获得帮助，所以不要忽视自己的感受！

当时，我觉得自己快疯了，我的大脑里不断滋生这种无休止的侵入性想法，这让我感到既内疚又害怕，觉得都是自己不好。我感觉每件事对我来说都是一种挑战，每件事都可能出错，每件事都会伤害到我。不用说，我讨厌这一切——现在仍然如此。我讨厌患上精神疾病，我讨厌它让我做每件事都会出问题，让我觉得每件事都很困难；我讨厌在最不合时宜的时候惊恐发作，感觉这给我身边的人带来了很多不便；我讨厌那些想法总是在脑子里挥之不去，而且似乎永远都不会消失；我讨厌这一切对我家人的影响。不知道有多少次，我默默地坐在那里哭泣，绝望地说"我只想做个正常人"。我恳求这些想法离开，让我不再感到如此焦虑。

庆幸的是，在写这篇文章的时候，我已经不再如此了。我已经走得足够远，不再每天都感到如此焦虑了，我的思维也变得更加有序，因为我学会了更好地管理它们的方法。

如果你也在与自己的精神疾病做斗争，那我希望你能明白，你并不孤单。与精神疾病带来的强烈情绪做斗争并不容易。你可以做一些正念练习，可以使用精油，也可以像许多人建议的那样"（不想别的）只是呼吸"。但就像很多人所说的，这并不会像魔法一样治愈你的疾病。我了解并理解你的挣扎，即使我们的实际情况或诊断结果并不相同。我理解你为了从精神疾病中康复而感受到的沮丧。我想让你知道，情况会有转机的，一点一点，尽管这个过程会有很多起伏和挫折。也许你会完全康复，并长期处在一个良好的状态；也许，你会像我一样，每周都要很努力才能使自己"挺住"。总之，一切皆有可能。

如果你不知道从哪里开始疗愈，或者你正在康复的过程中，抑或你已经康复了，只是今天又过得很糟糕，那我希望你在被"困"住时可以有一些东西阅读。即使你根本没有精神疾病，只是有时会感到情绪崩溃，那我也希望你能从中感受到支持和理解。我想让你知道，一切都还有希望，你可以找到管理自己情绪的支持和方法。如果你身陷情绪崩溃中，那我想让你知道，你的感觉是对的，你不是一个人。

话虽如此，我觉得教授人们相关知识也很重要。教人们了解压力和精神疾病的症状和迹象，以及如何正确地支持那些正在承受压力的人是至关重要的。为了实现这一目的，2017 年，我决定创建一个提升人们心理健康意识的网站。

在成长过程中，我活得很不开心。这不仅是因为我的心理健康状况不佳，还因为我难以获得专业支持。后来，看到这些问题也出现在我所关心的人身上，真的让我很受触动，也让我很沮丧。这就是为什么我要创建"积极网页"这个在线心理健康社区。任何人都可以登录我的网站获取信息，虽然我知道这算不上什么专业支持，但我想尽我所能去帮助那些需要帮助的人。

这也是我写这本书的原因：分享迄今为止我在治疗内外学到的东西、我目前应对我的精神疾病的方法，以及其他我认为可以帮助大家的事情。我不是专业人士，只是一个经历过（并且还在经历）精神疾病的人。情感的自我关怀对你的心理健康至关重要，所以我希望你能认真对待自己的问题，并尽可能照顾好自己的情绪。

我希望这本书读起来尽可能通俗易懂。我知道，当你深陷情绪困扰中，你可能不想坐下来读一页又一页的文字。例如，如果你出现了惊恐发作，那你一定希望尽快得到帮助，所以你会发现自己很难集中注意力去读书，这就是我如此安排本书体例的原因。当你需要这本书的时候，你可以直接跳到你想读的部分。每一章的内容都很简短，你也不必一次读完本书所有的内容。但如果你不需要即时的帮助，而且你愿意的话，那你可以从前往后连续阅读——你可能会在意想不到的地方发现改变的契机！

目　录

第一部分
告诉其他人

第1章　当你纠结要不要寻求帮助时　　3
第2章　当你对自己的精神健康感到困惑时　　10
第3章　了解你的扳机点　　15

第二部分
你比使你焦虑的事物更强大

第4章　向焦虑开战　　23
第5章　当你感到焦虑却不知道原因时　　29
第6章　当你感到焦虑且知道原因时　　34
第7章　当你进入一种可怕的境地　　36
第8章　当你惊恐发作时　　45

第三部分
释放你的压力

第 9 章　当你感到快要崩溃时　　　　　　　　55
第 10 章　当你忙得不可开交时　　　　　　　　65
第 11 章　当你因学业或考试而压力重重时　　　68
第 12 章　当你因工作而备感压力时　　　　　　72

第四部分
乘风破浪

第 13 章　当你情绪低落时　　　　　　　　　　81
第 14 章　当你感到没有动力时　　　　　　　　85
第 15 章　当你感到困顿时　　　　　　　　　　93
第 16 章　当你感到空虚时　　　　　　　　　　98

第五部分
有时，你看不到自己的光芒：别忘了给自己留点爱

第 17 章　当你努力寻找自信时　　　　　　　　109

第 18 章　当你看不到自己的能力时　　　　　　　　**115**

第 19 章　当你觉得没有安全感时　　　　　　　　　**119**

第六部分
你只是需要休息：你已经从不眠之夜中活下来了

第 20 章　当焦虑在午夜袭来时　　　　　　　　　　**127**

第 21 章　当你因大脑太清醒而无法入睡时　　　　　**132**

第 22 章　当你一夜未眠还不得不工作时　　　　　　**137**

第七部分
幸福，你值得拥有：要不我们暂停一下来为你庆祝

第 23 章　当你对未来感到兴奋时　　　　　　　　　**143**

第 24 章　当你度过非常美好的一天　　　　　　　　**147**

第 25 章　当你自我感觉良好时　　　　　　　　　　**153**

第 26 章　分享一些快乐　　　　　　　　　　　　　**157**

第一部分

告诉其他人

当你问候朋友时，一定要问两遍。

第1章

当你纠结要不要寻求帮助时

向别人寻求帮助是一件很困难的事情，但请记住：你可以告诉别人你的感受。很多人觉得求助就像在寻求关注，但事实并非如此，至少不是你所想的那样。如果你在痛苦中挣扎，得到别人的关注可以使你获得所需的支持和帮助。

通常，我们会觉得自己的痛苦与他人的相比微不足道。但问题是，不管别人在经历什么，你都有权追求幸福的生活。每个人都"配得起"更好。如果有什么事情妨碍了你的幸福，那你就要寻求帮助，使一切变得更容易。

我经常听一些人说，他们觉得必须独自承担痛苦，因为他们认为自己的痛苦还不够严重，不"值当"去寻求帮助。如果你也有这种感觉，并且还不想告诉别人，那可能是你的自尊心在作祟。问题不在于你的痛苦够不够严重，而在于你从来没有给予它们应得的认可。你可能会想：没什么，没必要告诉别人。如果是这样，那说明你没有重视自己。当你承认、认可自己的需求时，你的大脑会说：

"我发现事情真的很难，而且很重要。"这可以帮助你相信，自己应该肯定、支持自己的感受。没有什么标准规定谁可以请求帮助，谁不可以。你的痛苦一点都不微小。如果你正以某种方式与自己的心理问题做斗争，并且生活为此受到了影响，那你一定要认真对待自己的感受。

如果你正在努力确认自己的感受，请记住以下几件事。

+ 无论你的问题有多小，你都可以寻求帮助。
+ 你不必等到最糟糕的时候才去寻求帮助。
+ 你不必比别人挣扎得更久才去求助。这没什么好羞愧的。即使你的问题很小，尽早寻求帮助也比保持沉默让问题恶化要好得多。

开始一段谈话

你可能会想：我到底要怎么告诉别人我正在与心理问题做斗争，我该怎么开始呢？如果你有这种想法，那也无可厚非，因为和你情况相同的大有人在。事实上，大多数人都有同样的疑问，尤其是刚开始时。下面几种方法有助于你开口谈论自己的心理问题。

和亲近的人谈谈心

和亲近的人坐下来谈谈心似乎很容易、很平常，但对一些人来说，这却可能是最困难的事情——需要先鼓足勇气，迈出第一步，说出想说的话。为了做到这一点，我建议你先在脑海中准备好要说的话。你甚至可以列一个要点清单，或者记下一些开场白。在第一句话说出口后就开始对话。开场白通常是最难的，但一旦你吸引了他们的注意力，也知道自己想说什么，最初的壁垒就会被打破。和你谈心的人也是谈话的一部分，所以压力并不都在你身上。他们会问你问题，和你交谈。

开场白会因你感知到的困难程度和你想袒露的程度而有所不同，这里有几个例子：

- 我们可以谈谈吗？我真的很纠结，不知道自己该怎么处理；
- 我发现……真的很难；
- 有一段时间，我一直感觉很……我很难开口谈论这件事，我希望得到一些建议或支持；
- 我一直在和心理问题做斗争，我想我需要专业的支持；
- 我不知道发生了什么事，但我感觉很害怕。你能帮帮我吗？
- 最近我觉得压力有点大，我有点承受不住。

尽管说这些话可能会让你觉得有点难为情，但它们确实可以开启对你有益的对话。

直接去见专家或医生

如果你觉得和亲近的人聊天有困难，又需要帮助，那你可以去找你不熟悉的人。大多数人会去看医生,告诉他们自己很难应对自己的心理问题,并寻求专业支持。你也可以直接去心理健康机构接受心理咨询或心理治疗,抑或住院治疗。具体哪种方法可行取决于你所在的国家和地区。你可以上网做一些调查,看看在你生活的区域有什么资源可用。还有些人会向学校辅导员、社会工作者和老师寻求支持和建议。对一些人来说,和陌生人聊天反而会更自在。至少对我来说是这样的。我花了很长时间来弄清楚为什么会如此,最后得出了这样的结论:对我来说,我不认识的人的反应并不重要,因此不会产生任何风险。他们对我的看法没有我爱的人那么重要。

给一个你认识的人写封信(或发一条短信),表达你心中所有的烦恼

很多话要想大声说出来很难,我自己也做不到这一点。直到现在,我仍然觉得交谈是一种社交压力。当有人等着你说些什么时,你可能很难鼓起勇气把一些话说出来。把感受写在纸上或用手机敲出来对我来说很有"疗效",或许对你也会有帮助。你可以编写一条短信或提笔写一封信来表达自己想说的话,然后你所要做的就是鼓起勇气按下发送键或寄出信件。你可以根据自己的需要写得或长或短。你可以简单地说你正在痛苦中挣扎,你需要帮助,也可以详细描述你现在或过去的感受。如果你觉得很难解释自己的感受,那就试着把它分成两个部分:(1)你的感受;(2)它是如何让你的生活变得困难的。

寻找一个视频或一篇博客文章来解释你的感受，然后发给你的朋友

如果你找不到合适的词语来描述自己的状态，无法把自己的感受写下来，那你可以使用别人的语言来开启对话。你可以在YouTube上搜索一些阐述你问题的视频。这些视频可以是医学视角的，也可以是某人讲述自己的个人经历的。阅读一些心理健康博主和心理健康倡导者的博客文章，找一篇描述你现状的文章，然后发给你想倾诉的人。如果你愿意，你还可以坐下来和他们一起观看视频或阅读文章。在我的网站上，我也分享了一些可能会引起你共鸣的心理健康方面的故事。

在那里，成千上万个人告诉我，他们的感受和症状跟我的一模一样。我还在网上阅读了其他人的强迫症经历，并找到了一个名为《我有强迫症：这就是我脑子里思考三分钟的感觉》的视频。这个视频让我感觉自己完全被理解了。奇怪的是，这个视频是以一种非常个人的方式描述的。我把这个视频转发给我的心理治疗师，我的母亲、阿姨还有几个朋友看。我觉得这真的有助于和他们沟通我从过去到现在是如何与精神疾病做斗争的。

忧虑盒

在这本书的七个部分中，有一些章节含有我称之为"忧虑盒"的板块。在我的网站和Instagram上，我开设了一个留言框，任何

人都可以匿名发送一段关于他们痛苦的文章。我尽我所能回复"忧虑盒"中的提问，并决定将其中一些纳入本书。看到其他人也在经历类似的问题，也许能够减轻你的焦虑，而且，他们所提的一些友好建议也很实用。

忧虑盒：污名化会影响你的支持系统

过去几个月我一直感觉很糟糕。每当我试着跟父母解释，他们都不肯听我说。他们说我反应过度、假装自己有问题、为了引起别人的注意而伤害自己。其他人也曾试图告诉他们我的情况，但他们就是不以为然。我很绝望……

没有父母的支持一定过得很不容易吧。我想让你知道你并不孤单，你的感受很重要。你不应该被忽视。情绪低落和自我伤害并不是"反应过度"或"寻求关注"——这是一种值得关注和支持的消极应对机制。得不到足够的支持通常是因为误解，帮助你的父母了解你正在经历的事情是有助于你们沟通的最好方法。搜索一些相关的帖子、视频和网站发给你的父母，引导他们理解什么是自伤以及导致自伤的原因。

尽管父母的支持很重要，但你不需要得到父母的许可才能求助心理健康组织和心理专家。不论你身处何地，都可以查一下自己所在的地区有哪些资源可用，看看你能去哪里求助。你还可以去看医生，向他们解释你的感受。如果你当下确实无法得到别的帮助，那我建议你寻找一些可以自己使用的健康的应对机制。当你有自伤的冲动时，一定要想办法分散自己的注意力。你可以做任何喜欢的事情，只要它不危害你的健康。这些可能会令人望而生畏，我完全理解这一点，但你一定要认真对待自己的感受。

第2章
当你对自己的精神健康感到困惑时

我完全明白情绪混乱是一种什么样的感觉。处理糟糕的精神问题的困难之一就在于你无法理解自己的内心究竟发生了什么。然而，一旦你确认了自己的问题，谈论、治疗和处理它就会变得容易得多。了解自己是一件非常私人的事情——只有你自己知道自己的感受和困难所在。如果你不知道，那这里有一些关于精神健康的基本知识或许对你有所帮助。

每个人都有自己的精神健康状态。"精神健康"一词包括情感健康、心理健康和社交健康——所有这些构成了你的精神健康状态。就像每个人都有自己的身体和对应的身体健康状态一样，我们也有自己的大脑和对应的精神健康状态。不同之处在于，有些人的精神状态是健康的，而有些人的则不是。当我们说某人"精神有问题"时，意思是他们的精神健康系统紊乱了。通常情况下，人们不理解这两个术语之间的区别。我总是听到人们说"我没有精神健康问题"，其实他们想说的是"我没有精神疾病"。虽然区分这两个词看起来微不足道，但这真的很重要。

当有人把"精神健康"说成与他们格格不入的东西，就好像是他们做不到的事情或无法拥有的东西时，就强化了"精神健康什么的很难理解"这一观点。然而，最重要的是，要知道每个人都拥有一种精神健康状态，因此，每个人都有可能在一生中的某些时候经历精神疾病。我们越弄不清楚"精神健康"一词，就越有可能在痛苦中挣扎（或看到别人挣扎），而抓不到问题的关键。

我们需要理解的是，尽管有些人在与自己的精神问题做斗争，但他们并没有患上精神疾病。例如，你可能会因各种原因而感到心烦意乱，一周都过得很糟糕，或者感到压力很大、很焦虑。仅仅是这些感觉持续了几天并不意味着你患上了精神疾病/障碍（然而，它们都是真实的感觉，你应该得到朋友和家人的支持！）。你应该把这想成感冒：感冒表明你正在与你的身体健康问题做斗争，但它会在一两周内消失。这并不一定意味着你患有长期的身体疾病/障碍，精神健康也是如此。一般来说，要想知道你是否患有任何类型的长期身体疾病/障碍，你需要测量症状出现了多久，精神健康也是如此。

寻找精神疾病的症状

如果你想弄清楚自己是否患上了精神疾病，关键是要了解精神疾病具有哪些症状。不同的精神疾病具有不同的症状。如果你不清楚自己到底怎么了，那你可能很难将自己的精神健康状态分解成具体的症状，但你可以留意一下一些常见的迹象。

+ 审视你能观察到的症状，而不是你的内在感觉，因为后者更难察觉。列一个清单，写下自从自己感觉"不对劲"后变得越来越困难的事情。需要注意的几个方面包括：社交习惯（出门上学、与朋友交往的情况）、饮食习惯、睡眠习惯、身体护理（锻炼太多或太少、洗澡或换衣服的情况），以及人际关系状态（看望朋友和家人的情况、结交新朋友的意愿）。

+ 在列清单的过程中，你会意识到为什么这些事情现在更难了。剧透警告：原因是你的感受。现在列出你的感受——焦虑、抑郁、悲伤、压力等。将这些感觉与对你来说越来越困难的行为联系起来。例如，当你发现很难和朋友见面，而又尝试这样做的时候是什么感受？

+ 接下来是最难的部分：列出你当下的想法。例如，当你试图去见一个朋友时，你感到很焦虑，那在此之前或在此过程中，你产生了什么想法？如果你现在无法理解自己的想法，没关系，你可以从自己的行为和感受中察觉到自己的挣扎。

+ 最后一步是反思你的发现。这些想法和感受会经常影响你的生活吗？你知道它们的起因吗？你知道一个人该如何应对它们，或者你需要额外的支持吗？不知道这些问题的答案也没关系，和医生谈谈吧，会有帮助的。

第 2 章 当你对自己的精神健康感到困惑时

如果你在为伸出求助之手而犹豫不决或担心的话，那你可以将这个练习当作一个起点。但它也仅仅是一个起点，请不要将其作为自己的诊断指南。如果需要对自己的问题进行诊断，请联系专业人士！

就这样一步一步地走下去，可能会帮助你稍微了解一下自己的哪些想法和感受让生活变得如此艰难。这还可以帮你消除关于"精神健康"这一沉重话题的一些困惑。在你解决了一些问题之后，下一步就是联系专业人士（如果你需要的话）进行诊断。退一步说，即使不去诊断精神疾病，你至少可以和专业人士谈谈，在他的帮助下度过这个艰难的时期。

哪些迹象表明你的精神健康可能出了问题

迈出第一步，承认自己的痛苦看似简单，但却是最困难的一步。如果在你身上出现了以下任何一个迹象，要知道你不是一个人。当你经历一些事情的时候，出现这些症状是正常的。

- ✦ 发现很难集中注意力。
- ✦ 思虑过重。
- ✦ 感觉无法清晰地思考。
- ✦ 通常感觉压力很大或快要崩溃。
- ✦ 易激惹或易防御。

- 难以入睡。
- 暴饮暴食。
- 远离他人或不想与人相处。
- 总是感到身心疲惫（你的精神健康会对你的能量水平有很大影响）。
- 感觉日常生活（穿衣、刷牙、做饭）都难以应对。
- 健忘。
- 有漂浮感，感觉自己飘浮在空中。
- 长时间盯着某样东西看 / 走神。
- 比平时哭得要多。

第3章

了解你的扳机点

你以前可能听说过"扳机点"一词。我当然也听说过，而且是以一种不太友好的方式。我上高中时，"扳机点"一词经常被同学们当成笑话挂在嘴上。例如，如果有人因某件事有一点点生气，同学们就会说"他被人扣动了扳机"，然后一笑置之。虽然这种笑话看起来无害，但它曾经让我很恼火。我想好好处理一下令我苦恼的扳机点，但人们总拿这些感觉开玩笑，对此我很不解。这让我觉得无法以严肃的方式谈论情绪的诱因。

在精神健康方面，扳机点指的是导致某种思维、感觉和行为模式产生的事情，通常会引发痛苦的反应。如果你患有精神疾病，那你可能已经意识到自己有很多扳机点。如果你去看心理治疗师，你们肯定一起讨论过这些问题。但由于不是每个人都（有幸）拥有心理治疗师，因此我决定写一篇关于识别扳机点的文章来帮助那些没有心理治疗师的人。对我来说，学会识别自己的扳机点很有用，所以我想帮助其他人也这么做。

识别扳机点在某些情况下比在另一些情况下更容易。回想一下你最近一次感到焦虑或情绪低落的时刻。在你产生这种感觉之前，发生了什么？一旦我开始识别我的扳机点，我就能理解自己是如何以及为什么会产生这样的感觉了。就是这个理，不是吗？如果你不知道它是什么，又怎么去对抗它？我了解到自己有一些"常规"的扳机点，还有一些扳机点只属于非常特殊的情况。然而，我对所有扳机点的反应都是混乱和不健康的。现在当我意识到了这一点，就更容易发现使我焦虑的事情，以及做些什么能使这些事情停止发生。如果你想阅读更多关于扳机点循环的内容，请阅读本书的第六部分。

识别扳机点

当你深陷痛苦的感受和行为模式中而又不确定原因时，请填写表 3–1。我们有时会在意识不到原因的情况下被扣动扳机。

表 3–1　　　　　　　　识别扳机点

你今天感觉如何
你今天都干了些什么
你今天都有哪些想法

忧虑盒：我该如何告诉家人

我今年19岁，被诊断患有创伤后应激障碍、重度抑郁症、广泛性焦虑症和厌食症，但我的家人都不知道。我不确定是否应该或如何告诉他们。我目前正在吃药，在排队等待治疗（我已经等了七个多月了），不知道他们会有什么反应（即使我的家族有抑郁史）。你有什么建议吗？

你要向谁和准备什么时候公开你的心理问题，完全取决于你自己。你不需要马上告诉任何人。如果你觉得准备好了，需要告诉别人并寻求支持，那就告诉他们。这很难做到，而且大声说出来可能真的很可怕，我完全理解这一点。如果你找不到合适的词，那我还有其他方法可以告诉你。你可以试着写下来或者发一条长信息（即使你就坐在他们旁边）。可以看看第1章的"开始一段谈话"部分，也许能启发你产生更多的想法。你也可以做一下情绪上的准备，如果你担心他们会产生什么消极反应——尽管我真心希望他们不会，但如果他们真的如此，你也要意识到这不是你自己的错。无论如何，你的感觉都很重要、很有用。你可以给他们一个小清单，把他们能做的事情写在上面，或者写上你不想让他们做的事情，这样他们就知道该如何帮助你了。如果你选择告诉他人，那我祝你一切顺利！

忧虑盒：我没有勇气去看心理治疗师

我目前正在寻找创伤和焦虑治疗方面的帮助，但我不知道该如何开始，一想到要迈出这一步去见心理治疗师，我就感到很"头大"。此外，我还担心我们会不会"不在一个频道"上，或者他们会试图伤害我（很多创伤治疗都会让人很痛苦），而我却无法阻止他们。我知道自己需要帮助，比任何时候都需要帮助，这样我才能成为更好的自己，但我不知道该如何度过这短暂的恐惧阶段，我需要一些建议。

我能理解你的处境和感受，听到你说因为要去看心理治疗师而纠结，我也感到很难过。我不知道你是不是应该直接去看心理治疗师，但我的建议是一步一步来。首先，你可以先去看全科医生，跟他们谈谈你的感受和困扰，他们会把你介绍给心理治疗师。接下来，你再预约心理治疗师。首次预约时，工作人员通常会对你进行评估。在你接受第一次治疗时，你也可以评估一下自己和这位心理治疗师是否合拍。如果觉得对方不适合你，那你可以问问是否可以换一位治疗师。找到合适的治疗师可能需要几个月的时间，没关系，慢慢来。这个过程看起来很可怕，但你可以将它分解成小步骤，从而使它变得更容易控制。此外，你还要记住，你有权在任何时候叫停治疗过程。

忧虑盒：我害怕自己永远都好不了

我担心自己永远都无法从精神疾病中康复，我这辈子完蛋了。

我对你的建议是，首先，你不是唯一有这种感觉的人。从精神疾病中康复很艰难，真的很艰难，但并不是不可能。不管你经历了多少挫折，你最终都可以拥有更轻松、更充实的生活。接受心理治疗和面对可怕的事情需要付出大量的努力和精力，但你要相信自己是可以康复的。尽管并不是每个人都能完全康复，但有数以百万计的人都恢复到了可以正常工作和生活、实现自己的梦想和目标的程度。

这是有可能的，你也可以做到。我建议你读一些战胜了精神疾病的人的故事，这会使你重新燃起希望，相信自己不会永远这样，总有一天会从阴霾中走出。

第二部分

你比使你焦虑的事物更强大

你脑子里想的一切都不要相信。

第 4 章

向焦虑开战

找到合适的话语来进行自我对话可能会帮助你克服焦虑。对于寻找这些话语，每个人的做法都不一样，你可以试试看自己喜欢怎样做。我寻找这些话语的第一步是弄清楚自己想如何看待自己的问题。这些话语通常以"我""你"或"我们"开头。

首先，对自己说下面这些话：

- ✦ "你能做到的。"
- ✦ "我能行。"
- ✦ "我们可以的。"

你觉得哪个更好？你能确定吗？——这就是我寻找打气的话语的方法。

大多数时候，在你获得焦虑症方面的帮助之前，你会把它视为自己身份的一部分。你可能会想：当然，我的情绪就是我的一部分。没错，它们的确是。但是，我发现把焦虑症看作与自己无关的东西是很有用的——是外部的某些事物让我的生活变得有点困难。我经常这样做，以至于我现在不再把焦虑症当作自己的一部分来谈论，而是将其视为影响我的外部事物。

例如，我会说"我的焦虑认为……"，而不是"我认为……"

我喜欢把自己分成不同的"版本"：劳伦完全有能力做一些可怕的事情——那是没有精神疾病的劳伦；除此之外还有患了强迫症和焦虑症的劳伦，她把这些事情看得很可怕，认为自己做不到；健康的劳伦会和不健康的劳伦交谈，帮助她做那些"可怕"的事情。当然，我知道世界上只有一个我，严格地说，我没有两个大脑，但对我来说，用这种方式来表达焦虑要容易得多。当我看到两个不同版本的自己时，我用来表达焦虑的主语就是"我们"。我会告诉自己的两面，它们都能做到这些可怕的事情——有精神疾病的我和没有精神疾病的我都能做到。除此之外，我还会用第二人称和他们交谈，如"你可以……"。这是一些治疗师用来帮助人们理解自己焦虑状态的技术。

下面是一些人们如何这样做的例子。

给它起个名字

将你的困扰拟人化，把它想象成一个人。我曾经和一个女孩聊过，她唤自己的焦虑为"爱丽丝"，并把它想象成一个需要帮助的人。这令她对自己充满了仁慈、耐心和同情心，也使她不会因焦虑而生自己的气。还有些人喜欢给他们的拟人化问题赋予个性，而不仅仅是一个名字。

把它画出来

与命名类似，有些人会把自己的精神疾病以另一种形象的方式呈现出来，即把它画出来，赋予它颜色、大小和形状。

为你的精神疾病赋予形象，可以帮助你与它对话，从而更好地处理自己的感受。因为焦虑，你很容易对自己感到愤怒和沮丧。因此，以任何喜欢的方式与它交谈都是一种支持自己的有效方式。

如果你经常感到焦虑，那么识别你的焦虑转变为惊恐发作的临界点可能会有帮助。你可以让自己在很焦虑的情况下也不会出现惊恐发作，但这需要大量的练习。第一步就是识别你"失控"的感觉，然后一旦你的焦虑水平到达那个程度，就启动一个健康的应对机制来进行应对。这些都可以帮助你停止做那些被焦虑催生的消极行为。

希望这些方法也能帮助你减少惊恐发作的概率。这是我从心理治疗师那里学到的，即使不是每次都管用，也没关系。就算你没有战胜焦虑，又能怎么样呢？不要自责。尽管焦虑很可怕、很难战胜，但你要记住，没关系的，你可以再试一次。

对我来说，对抗焦虑，不是东风压倒西风，就是西风压倒东风！

有时，我也搞不定那些压倒性的感觉和惊恐发作，但我会不断地给自己加油打气。一旦我的焦虑到达我不能再用分心来忽视它的程度，我就会这么鼓励自己。

- 我以前战胜过这种感觉，现在仍然可以。
- 我很安全。
- 这种感觉会过去的。
- 焦虑伤害不了我。
- 我的焦虑在撒谎。
- 战胜这些感觉需要一段时间，一切都会好起来的。
- 我不会永远这样的。
- 我还和一小时前一样安全。
- 我搞得定。

给自己准备一碗"心灵鸡汤"也会很有帮助，它可以是相当个性化的。你可能会想：再给自己打气又如何，该怎么焦虑还是怎么焦虑。这我完全理解。确实，鸡汤解决不了你的焦虑，但它会帮助你抱着同情和信任与自己对话——这些都是你在对抗焦虑时必需的东西。你要把注意力集中在那些给自己打气的话语上。每当产生一个可怕的想法，或者当你的大脑开始说"我不行"的时候，就用那些为自己打气的话语去反驳它。例如：

- 可怕的想法：如果不好的事情真的发生了，该怎么办？我搞不定，这太难了。

第 4 章 向焦虑开战

✦ 打气的话语：我以前战胜过这种感觉，我很安全，我能做到。

你不必为了解决问题而马上相信这句话。我不骗你，这种方式要想起效需要你花费很多心力。当你的大脑很害怕，告诉你会出问题的时候，你会觉得自己若是不信就太愚蠢了。但问题是，你的焦虑对你撒谎了。通过重复这些打气的话语，你能够提醒自己，你的焦虑实际上是错误的，你很安全。

在我写这本书的时候，我询问了一些人是否愿意就一些话题谈谈他们的经历。下面是我的网站读者凯蕾·巴特勒（Kayleigh Butler）讲述的关于自己情绪低落和焦虑的经历。

> 多年来，我一直在与焦虑和情绪低落做斗争。自我照顾变得非常重要，在某种程度上成了我的首要任务。我设法找了一份足以养活自己的工作，但我从事的零售行业工作需要跟顾客打交道。一个粗鲁或不耐烦的顾客会给我留下深刻的印象，比一天当中任何美好的时刻影响都大。仅仅是一个差评就能让我的心情跌到谷底，并在第二天焦虑不安。
>
> 有时候我连出门都很困难。我总是盼着赶紧下班，回家和爱人团聚。我很难把工作和家庭生活分开。但每周我都会计划在休息日做一些自己喜欢的事情。一到周末，我就会把手机关掉，然后放到床头柜上，这样我就不会被打扰了。我会看我最喜欢的节目，喝热巧克力，有时还会写一些东西、画一些画，或者做做烘焙。

我的情绪并不是一成不变的，而是会像大海一样潮起潮落。但是每天为自己做一件小事会让一切都不一样。布琳·布朗（Brené Brown）博士的一句话对我很有帮助："勇敢去做。"当我平静地面对棘手的客户时，当我为自己辩护时，当我尝试一种新的工作方式时，当日常工作不按计划进行时，我都会勇敢面对。所有的小胜利都会激励我继续前进（要知道我总是会向我的伴侣寻求帮助，无论这看起来有多么荒谬）。我的痛苦会提醒我自己有多坚强，我会挺过每一天的。

第 5 章
当你感到焦虑却不知道原因时

如果你感到焦虑却不知道原因，不要害怕，这并不意味着你应该害怕某些事情正在发生或即将发生。这不是一个警告，因为焦虑无法预知未来。实际上，即使你不知道原因，感到焦虑也是完全安全的。焦虑不会伤害你，你没有危险，这种感觉会过去的。你会再次感受到安全。莫名的焦虑——一种没有任何明显原因的厄运感整天堵在你的胸腔里——真的很令人沮丧。毫无理由地感到焦虑有时会比你知道自己为什么焦虑或有理由焦虑的时候感觉更糟。当你知道了原因，你反而能够安下心来；但如果不知道为何焦虑，有时你就会觉得焦虑永无止境。你觉得自己对焦虑无能为力，有可能仅仅是因为你不知道它们从何而来。然而，正如它们无缘无故地来了一样，它们也会挥挥手不带走一片云彩。你没有必要为了摆脱焦虑而受它摆布——它让你做什么，你就做什么。它会自己离开的。

与此同时，你还可以通过健康的分心来帮助自己管理情绪。我必须强调"健康"一词的重要性，因为有些人在这种情况下会依赖不健康的行为，然后导致更大的问题。从长远来看，不健康的分心不会对你有任何帮助，但健康的分心却可以做到这一点。虽然分散注意力可能会让你看起来只是在"忽视"问题，但实际上，把问题留到你状态更好的时候解决，要比在焦虑状态下处理更好。

成功地将自己从焦虑中解脱出来是一项艰巨的任务，需要大量的练习。重要的是，在你感到焦虑和平静下来之后，你要和别人谈谈这些感觉。试着去理解是什么导致了你的焦虑或惊恐发作，并讨论一下将来要如何处理它们。

以下是一些健康的分心方法，可以帮助你缓解焦虑。

数颜色

这个方法有一个好处就是，你可以在任何地方使用它——你所要做的就是环顾四周。挑一种你喜欢的颜色开始，然后数一数你周围有多少东西是这种颜色的。例如，我现在在我的卧室里，看到了15个白色的东西。在和朋友在线聊天时，我经常这样做。我让他们选一种颜色，然后我回复他们一张清单，上面列出所有我看到的那种颜色的东西。

阅读

这一条无须多言，就是"读点什么"。可以是一本纸质书，也可以是一本电子书、一篇博客、一篇（积极的）Instagram 帖子，或者一篇杂志文章（可以是在线的，也可以是纸质的）。

写作

这一条也是不言自明的。我必须把它包括进来，因为这是我最喜欢的方法之一。不是每个人都喜欢写作，但对我来说，创造性写作是一种非常有效的管理焦虑的方式。在我写作时，我可以体会到不同角色或人的感受。这有助于我将注意力从焦虑或令我不安的环境中转移开来。

看点什么

你可以在奈飞（Netflix）上观看最新的原创视频，或者在 YouTube 上观看那种 10 分钟的视频，总之，看任何能帮助你把注意力从焦虑中转移开的东西都可以。

查找单词 / 填字游戏

这听起来可能有点扯，但从一堆字母中找出一个单词的过程有助于我将注意力集中在一件事情上。这就是为什么我随身携带一本小小的词典。

缠结玩具 / 手持拼图

人们喜欢用缠结玩具、魔方、压力球和其他感官物品来保持忙碌。对我来说，这有时还包括迷你手持拼图或百变魔尺。

听音乐或播客

你可以找一些心理健康方面的播客，不过如果你想听一些轻松的东西，也可以找一个喜剧播客或一个关于你喜欢做的事的播客！

散步或锻炼

首先我要提醒你，如果你曾过度锻炼过，那我不建议你用这样的方式来分散注意力。如果你有分离焦虑，那你可以约个人一起散步。总之，对一些人来说，锻炼可以极大地分散注意力。

和朋友一起玩游戏

如果你愿意，你可以通过玩电子游戏来分散注意力，但是一些传统的游戏也很有帮助。我喜欢和我弟弟或其他朋友玩纸牌，我也喜欢和他们玩"20 个问题"的游戏。你可以在任何地方做这些事情！

画画或涂色

你可以画一些画或者给一些东西涂色。这种方式对一些人来说会更有用,具体取决于你的创造力水平。

* * *

在一天结束的时候,没有任何健康的分心能完全消除你的焦虑,它的作用是阻止你为了快速解决焦虑而采用一些不健康的应对方法。就像我说的,谈论你的感受是很重要的,但如果你在痛苦袭来时很难立刻这样做,那么之后再去做也是可以的!

第 6 章

当你感到焦虑且知道原因时

当你担心某件特定的事情时,它会占据你一整天的时间,并影响你的注意力、做事情的动力和心情。为了解决这个问题,我喜欢用的一种方法是设置"担忧时间"。我会设置一个时间段来处理我的担忧,并尽量不在一天当中的其他时间受它们的影响。

设置"担忧时间"

为担忧设置一个时间框架,能够使我相信自己的担忧一定会得到妥善、正确的处理,不会霸占我的好时间!你可以在一天当中的任何时间做这件事,可以是同一时间,也可以是不同时间。

每当担忧开始从你的内心升起,你就要把它记录下来,不管它有多么可怕或者多么微不足道。这样到了你的担忧时间,你就可以审查记录下来的所有担忧,将它们各个击破。通常你会发现,对于很多烦恼,实际上你不需要做任何事情,因为它们已经自己解决了。要想取得成效，你需要进行大量的练习。把注意力从你担心的事情或你的焦虑感中转移开，真的（真的，真的）很难。即使你没有百分之百做到这一点，它也仍然值得你坚持和尝试。

接下来，你可以通过问自己以下问题来阻断那些令你焦虑的想法，我发现这样做能够帮助我对抗那些消极想法对我的"催眠"。它们帮助我把自己与当下发生的事情联系起来，而不是把注意力集中在几百件我认为将在几个小时内、明天或明年发生的事情上。我们必须学会关注现在，面对现实。焦虑的人喜欢活在未来，但事实是我们是无法预见未来的。焦虑只会用无稽的预测来吓唬我们。如果我们能把注意力集中在正在发生的事情上，也许就能控制住恐慌。

你可以问问自己下面这些问题：

✦ 我担心的事情是当下正在发生的吗？
✦ 我有人身危险吗？
✦ 现在出什么事了吗？
✦ 这种感觉会一直存在吗？

如果你对大多数问题的回答都是"不"（我希望你是这样的），那你肯定会没事的。你现在很安全，不用做任何事来让自己更安全。你不需要焦虑，因为你没有危险！有时我们的身体认为我们处于危险之中，这时焦虑的感觉和所有伴随的症状就会出现，而实际上我们并没有危险。如果你能学会安慰自己，对焦虑说"我不需要你，我挺好的"，并真的相信这一点，那么你离管理这些感觉就更近了。

第 7 章

当你进入一种可怕的境地

所以现在，你在试着挑战自己的焦虑。谢谢你的勇敢！说心里话，我也知道你不想让自己置于任何可怕的境地。我知道这种感觉特别糟糕。你可能会想："我为什么要强迫自己这么做？为什么我要强迫自己做一些让自己感到焦虑的事情？"要知道你做的是对的。即使你感到焦虑，也不意味着你真的有危险，或者有什么"不好"或"不安全"的事情将要发生。你很勇敢，你能行的。

我们鼓励他人的时候，经常会说"你能行的！"所以当你对自己说这句话的时候，也要尽最大努力去相信它。当你觉得不对劲，感觉可能要发生什么不好的事情时，焦虑会把这种不安的感觉放大100倍。但记住，这不是真的。当我们"着陆"后，就会知道我们是安全的。不管焦虑与否，你都能做这件"可怕"的事。不管焦虑告诉你什么，或者你感觉有多焦虑，你都能行。你不是非得消灭焦虑才能感受到安全。你可以带着焦虑去做自己害怕的事情，而不需要确定或觉得百分之百能成。有不确定性是很正常的。

第 7 章 当你进入一种可怕的境地

对我来说,如果要出门做一些令我害怕的事情,那最困难的部分就是离开家。这对我来说是一项很大的挑战,我必须"冷却"好勇气,做好充分的思想准备,不让自己觉得起身就意味着走向危险。真的,对我来说,走出家门就像去跑马拉松,我必须积攒勇气,调整好心态:"不,焦虑不会统治我的生活,我能行的。"走出那扇门,我就前进了一大步。

为了做到这一点,我一小步一小步地走,一直走到我所说的"可怕的境地"。

刚开始的时候,我几乎每走一步都会哭,但在做了足够多的练习,在我向自己证明我可以战胜焦虑,即使做了可怕的事情也不会有任何不好的后果后,事情开始变得容易起来。我的惊恐发作出现的次数越来越少,我也开始能够做那些之前害怕的事情,也不会再因为要离开家而哭泣。虽然把自己置于容易焦虑的环境中确实很可怕,但渐渐地,我开始感到轻松了。

当你对走出家门感到焦虑时,可以读一读下面这个流程图(如图 7–1 所示),也许能获得一些勇气和力量。

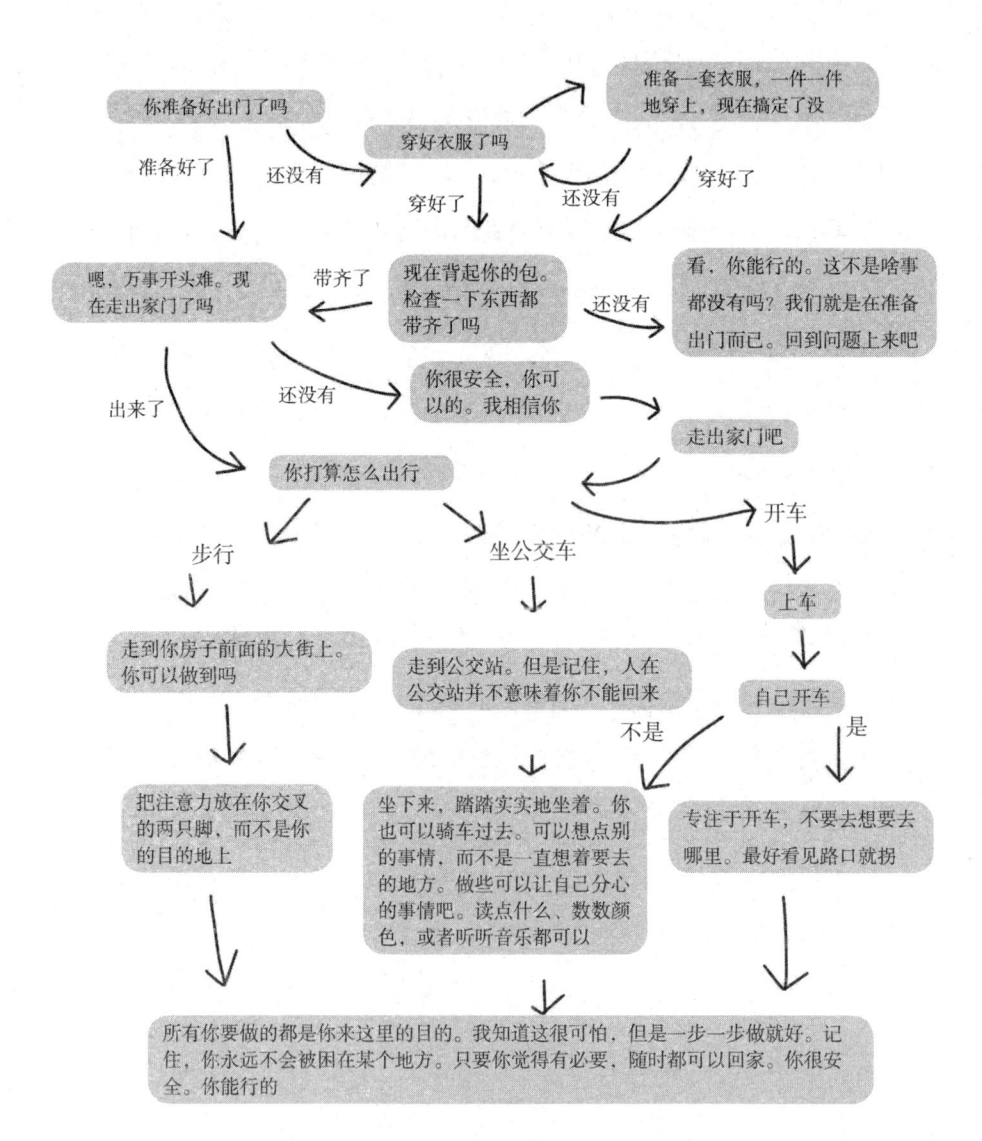

```
                    你准备好出门了吗 ──→ 穿好衣服了吗 ──→ 准备一套衣服，一件一件
                         │            ↑   │              地穿上，现在搞定了没
                    准备好了  还没有    穿好了  还没有    穿好了
                         ↓            └────────────┐
                    嗯，万事开头难。现  带齐了  现在背起你的包。  ←─ 看，你能行的。这不是啥事
                    在走出家门了吗  ←── 检查一下东西都     还没有   都没有吗？我们就是在准备
                         │            带齐了吗              出门而已。回到问题上来吧
                    出来了  还没有   你很安全，你可
                         │        └→ 以的。我相信你  ──┐
                         ↓                              ↓     走出家门吧
                    你打算怎么出行  ←──────────────────┘
                    ┌──────┼──────────────┐
                 步行    坐公交车           开车
                    ↓         ↓              ↓
                                            上车
                                              ↓
                                           自己开车
                 走到你房子前面的大街上。 走到公交站。但是记住，人在
                 你可以做到吗          公交站并不意味着你不能回来
                                              不是 ╲   ╱ 是
                    ↓         ↓              ↓
                 把注意力放在你交叉  坐下来，踏踏实实地坐着。你  专注于开车，不要去想要去
                 的两只脚，而不是你  也可以骑车过去。可以想点别  哪里。最好看见路口就拐
                 的目的地上        的事情，而不是一直想着要去
                                 的地方。做些可以让自己分心
                                 的事情吧。读点什么、数数颜
                                 色，或者听听音乐都可以
                    └─────────┬─────────────┘
                              ↓
              所有你要做的都是你来这里的目的。我知道这很可怕，但是一步一步做就好。记
              住，你永远不会被困在某个地方。只要你觉得有必要，随时都可以回家。你很安
              全。你能行的
```

图 7-1　出门焦虑应对流程图

通常，焦虑的人会在相同的情境中反复经历焦虑。对此，你可能需要制订一个焦虑干预计划。当你感到自己开始对进入某种环境

感到焦虑时，你可以通过阅读/填写这个计划来提醒自己，你可以战胜这种感觉。

焦虑干预清单

当你试图做一些可怕的事情，当你开始惊恐发作时，你可以使用这个焦虑干预计划（如图 7-2 所示）。

第一步 问自己这些问题

你过去有没有产生过类似感觉

后来情况有没有好转呢

你过去有没有遇到过类似的情况

这次也会好起来的

第二步 选择一种健康的机制来应对这种感觉

- ♥ 说说哪些事情是你能确定的；
- ♥ 尝试一些着陆的方法；
- ♥ 想象一下（就像真的看见一样）你担心的事情真的发生了，你没有猜错；
- ♥ 和别人谈谈你的感受；
- ♥ 当你与这种感觉做斗争时，要对自己有足够的温柔和耐心。

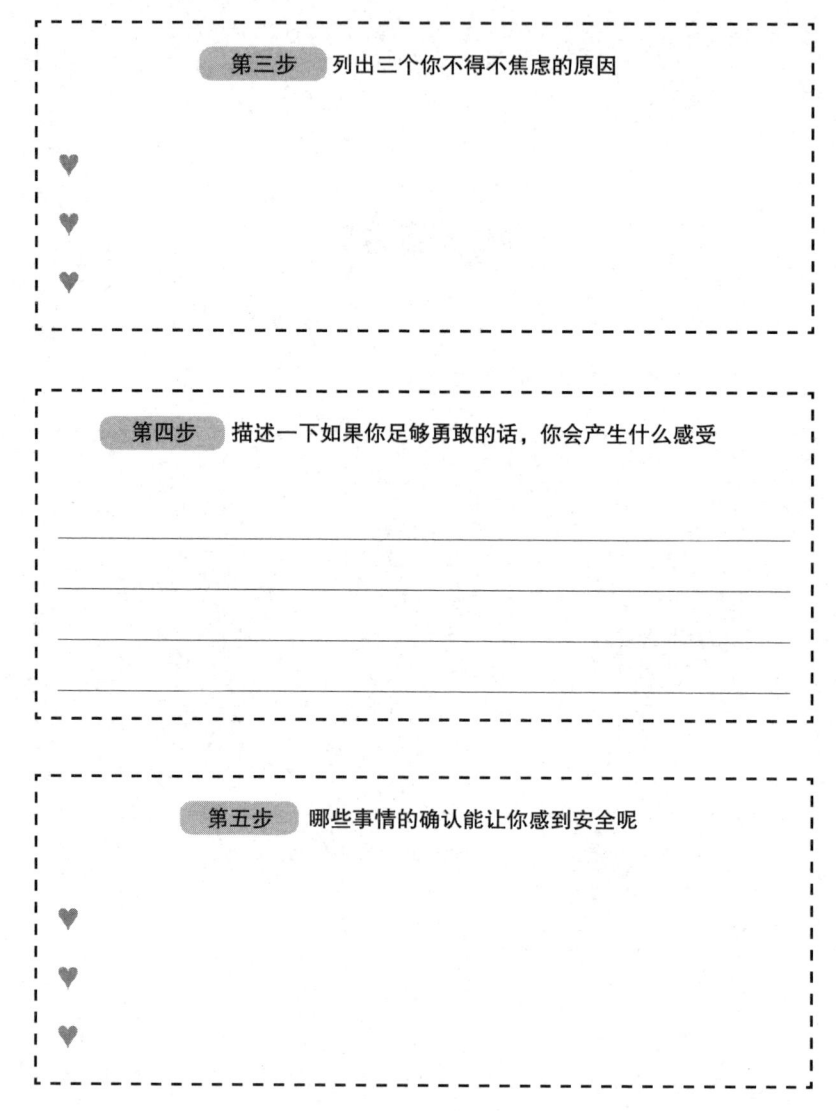

> **第三步** 列出三个你不得不焦虑的原因
>
> ♥
>
> ♥
>
> ♥

> **第四步** 描述一下如果你足够勇敢的话，你会产生什么感受
>
> _____
>
> _____
>
> _____
>
> _____

> **第五步** 哪些事情的确认能让你感到安全呢
>
> ♥
>
> ♥
>
> ♥

图 7-2　焦虑干预计划

一个防止惊恐发作的常用方法就是着陆法。我在治疗中深有体

会。下面这些着陆的技巧，不管你之前有没有听说过，你都可以试试看。

着陆技巧

数颜色

我们在第 30 页"健康的分心"相关内容中提到过这种方法，其实数颜色对着陆也很有帮助！如果你还没有尝试过，那就试一试吧。

运用你的五感

找到五种你能看到的东西，四种你能听到的东西，三种你能摸到的东西，两种你能闻到的东西和一种你能尝到的东西。这个过程你想重复多少次都可以。你会惊讶于这是多么地有效！

专注于此时此刻

要做到这一点，请审视一下你自己。你有没有在试图预测未来或隐隐地认为过去的事情会再次发生？问问自己，是不是明知我们不能预知未来，还是觉得焦虑的事情即将发生？另一种方法是冥想。你可以在 YouTube 上听冥想音乐或做有指导的冥想。

画出来

在纸上画出你的手的轮廓（如果没有纸就直接伸出手）。

在一根手指上写下你今天所做的事情，注意是任何事情，从穿衣服到看表演，再到坐公交车。在下一根手指上，写下你明天要做的事情，如果有计划的话就把计划写下来；没有的话也没关系，写下你早餐要吃什么，或者你要穿什么都可以。在下一根手指上，用一个词来描述你现在的感受。在下一根手指上，写下如果可以选择，你现在想要的感觉。它会是什么呢？是平静，是快乐，还是只是安全？在最后一根手指上，写下你可以做些什么来获得那种感觉。

一位叫桑德拉的朋友勇敢地分享了她的焦虑和抑郁经历：

> 在过去的20年里，我遭受过抑郁、焦虑和精神疾病的折磨，尤其是在几年前我失业时，我经历了第一次惊恐发作。
>
> 这是我第三次失业，我有大约九个月的时间都没有工作。我给自己施加了太多的压力——要拥有一份"完美的工作"和一种"完美的生活"，我在痛苦和纠结中苦苦挣扎。
>
> 作为一名教练、咨询师和导师，多年来，我一直致力于帮助人们保持健康、良好的适应力和心态，我在这方面很有经验。但这却使我的处境更加艰难，我为别人提供过很多咨询，我知道所有的方法。我站在一群陌生人面前教他们这些东西，而我自己却做不到。

第 7 章　当你进入一种可怕的境地

我觉得我找不到自己了，我看不到希望。我不明白为什么会这样。我把自己关起来，我害怕出门。我开始沉迷于想办法解决问题。

从早上睁开眼开始，一直到晚上睡觉，我的身体始终在因恐惧而颤抖。我害怕睡觉，生怕自己一旦睡着就再也醒不过来。因为严重的健康焦虑，我曾多次去看全科医生和急诊，我确信肯定出了什么严重的问题，我就要死了。

我的身体变得很不舒服，精神状况也很糟糕。我担心我的大脑出了问题，还差点把自己送进精神健康诊所。我从没想过这些会结束。后来，我慢慢地打开自己，做瑜伽、冥想（我从没想过我会喜欢做这些）。

我做过志愿者，看过心理咨询师，读了很多自助类的书籍，还做了很多其他事情，其中有些事情绝对是救命稻草。

我也说不清是怎么回事，但我最终确实感觉好多了。我意识到，越想解决问题，越纠结于此，事情就会变得越糟；相反，不专注于它，而是投身于其他事情中，问题反倒自然而然地解决了。

我改变了心态，开始经营自己的事业，到现在已经三年了。我是一名积极心态教练，帮助人们平息内心的自我批评，接纳恐惧，停止觉得自己不够好，从而勇敢地按照自己的方式生活。我帮助人们应对焦虑、压抑和自我怀疑，从而变得更加自信、更有韧性。

我现在在为全球组织工作，在过去的三年里一直是学习奖

(The Learning Awards)的评委,并曾作为特邀嘉宾去演讲发言。我真的不敢相信,通过改变观念和照顾自己的健康,我的生活竟发生了如此大的转变。

你的生活真的可以改变。

第 8 章
当你惊恐发作时

不要因为惊恐发作而自责。被焦虑困扰不是你的错。在这么艰难的情况下，你要为自己的勇敢尝试感到自豪！那么可怕的事情你都做到了，你真的很棒。即使你没有尝试与可怕的情况做斗争，而且还惊恐发作了，你也应该为自己"挺过来"而感到骄傲。一切都会过去的，你的内心也会慢慢平静下来。

你刚刚处于一种非常紧张的状态下，你的身体经历了高水平的压力，所以这个时候你最好反思一下自己的需求，并优先考虑它们。一定要照顾好自己。

如果可以的话，去喝点水，坐下来呼吸点新鲜空气。在如此痛苦的状态下保持水分是非常重要的，但更重要的是，不要在惊恐发作后产生更多的消极情绪。如果你觉得自己很愚蠢，并因此而内疚或忍不住嘲笑自己，那你需要练习自我同情、自我移情以及确认自己的感受。你可以参考图 8–1 中的流程示例。

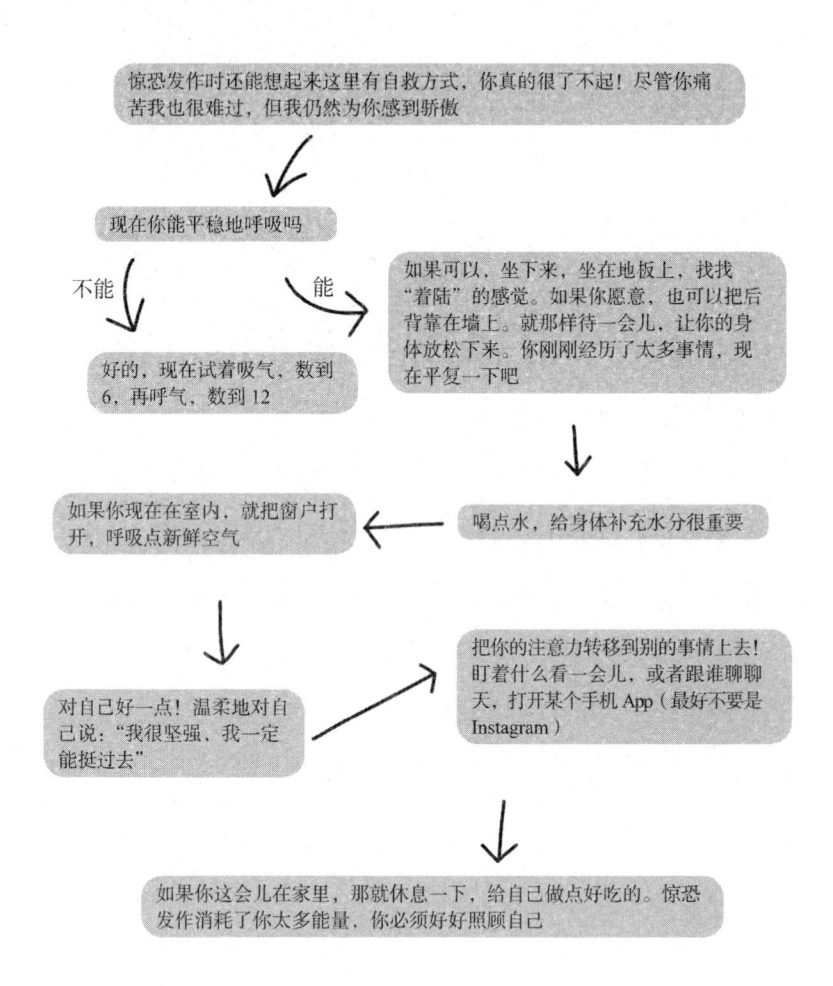

```
┌─────────────────────────────────────────────┐
│ 惊恐发作时还能想起来这里有自救方式，你真的很了不起！尽管你痛 │
│ 苦我也很难过，但我仍然为你感到骄傲              │
└─────────────────────────────────────────────┘
                    ↓
        ┌─────────────────────┐
        │ 现在你能平稳地呼吸吗 │
        └─────────────────────┘
         不能 ↙         ↘ 能
┌──────────────────────┐   ┌──────────────────────────────┐
│ 好的，现在试着吸气，数到 │   │ 如果可以，坐下来，坐在地板上，找找 │
│ 6，再呼气，数到 12      │   │ "着陆"的感觉。如果你愿意，也可以把后 │
└──────────────────────┘   │ 背靠在墙上。就那样待一会儿，让你的身 │
                           │ 体放松下来。你刚刚经历了太多事情，现 │
                           │ 在平复一下吧                    │
                           └──────────────────────────────┘
                                        ↓
┌──────────────────────┐   ┌──────────────────────────────┐
│ 如果你现在在室内，就把窗 │ ← │ 喝点水，给身体补充水分很重要      │
│ 户打开，呼吸点新鲜空气   │   └──────────────────────────────┘
└──────────────────────┘
           ↓
┌──────────────────────┐   ┌──────────────────────────────┐
│ 对自己好一点！温柔地对自 │   │ 把你的注意力转移到别的事情上去！   │
│ 己说："我很坚强，我一定  │ → │ 盯着什么看一会儿，或者跟谁聊聊   │
│ 能挺过去"             │   │ 天，打开某个手机 App（最好不要是  │
└──────────────────────┘   │ Instagram）                  │
                           └──────────────────────────────┘
                                        ↓
                           ┌──────────────────────────────┐
                           │ 如果你这会儿在家里，那就休息一下，给自己做点好吃的。惊恐 │
                           │ 发作消耗了你太多能量，你必须好好照顾自己            │
                           └──────────────────────────────┘
```

图 8-1　惊恐发作自我照顾流程图

我的意思是，你要意识到自己的大脑有多痛苦才会陷入恐慌。如果你经常惊恐发作，那你可能已经习惯了，但这种程度的情绪从来都不容易控制！不，你并不愚蠢，也不可悲——你的大脑只是在努力处理和击退由焦虑"策划"的可怕的、控制性的想法。要处理的事情太多了，所以你要在心里细细确认这段经历。花点时间让自己知道刚才的感觉很难受，你已经尽力去处理了。

现在，你需要原谅自己。不要因为惊恐发作而怨恨自己，记住，惊恐发作很正常。你没有做错什么。你不需要因为它而生自己的气。一定要接纳并原谅自己！

除此之外，别忘了，你还可以再试一次。在经历了这一波恐惧后，我们通常会感觉很挫败，但你要记住，即使克服不了焦虑也没关系——尤其是当你置身于一种新环境中，并因此惊恐发作时。你绝对可以再试一次。你可以不断地尝试挑战焦虑，而不必马上把一切都弄清楚。尽管屡战屡败很容易让人崩溃，但我保证你会离成功越来越近，即使你自己感觉不到这一点。你可以按照自己的节奏来做，只要你觉得准备好了，随时都可以再尝试一次。

下面是我的朋友亨利·加勒特（Henry Garrett）讲述的自己的焦虑经历：

> 对我来说，焦虑就像一道屏障，阻碍了我做自己想做的事情；它就像一场痛苦、艰难的战斗，而我被迫卷入其中。焦虑就是我的身心对压力反应过敏的触发器。我的压力来自那些我本不应该感到有压力的事情，或者更准确地说，压力让我在一些事情上难以满足社会的期望，而这又加重了我的压力。如果你患有精神疾病，那你需要了解的一件有用的事情就是识别不恰当的"应该"和"不应该"；它们无处不在，把他人对你的期望，连同你对自己的期望，统统压到你的肩上。但我的压力

比我预想的还要大，给我带来的痛苦比我预想的还要多。

焦虑迫使我放弃了想追求的职业和学业，让我很难想象自己还能做些什么；焦虑也让简单的日常互动变得像是生死攸关的挑战；整整一个月，我都是在恐惧中度过的，觉得自己是个懒惰的失败者。但焦虑也迫使我去适应，通过躲闪和迂回，来找到阻力最小的出路。适应精神疾病也是一个对赌的过程——我们永远不知道自己做出的哪些让步可能会阻碍我们找到解决问题的方法。

也许，焦虑阻碍了我去做一些我本应该继续努力的事情，哎呀，我又说了"应该"。我很高兴我的生活不再围绕着抗争来建立。质疑"应该"给了我很多的力量，对我的帮助很大；一种叫舍曲林的抗抑郁药也是如此。治疗精神疾病的药物在我们社会中的位置很奇怪，若将其与治疗身体疾病的药物相比较，我们可以很清晰地再次看到精神疾病的污名——人们"不应该"依赖药物来治疗精神疾病。我不想把抗抑郁药描绘成灵丹妙药，也不想忽视它们的副作用，但我希望人们能仔细审视自己对这些药物产生矛盾心理的原因。人们所说的一切都是有帮助的，不管是认知行为疗法、选择性5-羟色胺再摄取抑制剂（SSRIs）还是锻炼，等等。它们都帮助过我，让我与压力的关系更融洽。除此之外，当我向我应该去的地方前进时，我也在让那个"应该"的目标离我更近，这种灵活性让我建立了一种我引以为傲的生活。

忧虑盒：赶不走的焦虑循环

这听起来可能很傻：我讨厌焦虑的感觉，我总是一天 24 小时都关注着它，这让我的焦虑变得更严重。不是"如果我的焦虑……该怎么办？"就是"哦，不，那会让我焦虑……"我无法把注意力从它身上移开，这让很多事情都变得更困难。

你好！听起来你好像经常感到焦虑，以至于你已经开始预测自己对不同事物的反应和感受。当人们回避可能会让他们感到焦虑的事物时，这种情况很常见。与这种焦虑循环做斗争真的很困难，但有一个方法可以打破这种循环。我强烈建议你，无论多害怕都要尝试一下让你感到焦虑的事情，而不是每一次都回避。如果可以，即使开始的时候只有一两次，试着继续做那些令你焦虑的事情。这将向你证明自己能够做到。

当你脑子里出现"如果我焦虑了该怎么办"的想法时，你需要记住，即使焦虑了也没什么大不了的，你仍然能够做那些困难的事情。为了控制我们，焦虑会让我们觉得，我们一焦虑就什么都做不了了。我来告诉你，事实并非如此，你不要听它"忽悠"。信不信由你，你可以一边焦虑，一边该干吗干吗，想想过去有多少次是这样的。试着用"可以"来挑战那些"不能"的想法。对自己说"即使焦虑了又能怎样，我比焦虑更强大，我一定能挺过来"。通过这样做，你能为自己赋能，并收复被焦虑占领的能量失地。相信我，一切都会好起来的。

忧虑盒：永远绷着弦

你好，我现在真的焦虑得不行。学校里有很多活动，比如圣诞节要组织唱圣诞颂歌，还有很多期末评估和考试。然而，不管我怎么努力克服焦虑，每次都被它打倒在地。我没有一天不因正在发生、已经发生或将要发生的事情而焦虑，甚至惊恐发作。我真不知道该怎么办才好。

你好！在这么有限的休息时间内处理这么高水平的焦虑，你一定很累。幸亏你明白要去求助。对于焦虑的人来说，当有很多任务要去做时，挣扎是很常见的！你不是一个人。请不要对自己太苛刻。你有这种感觉不是你的错。记住，焦虑不能预测未来。它根本不知道某些事情会不会发生，它只是喜欢通过令你焦虑来使你相信它们真的会发生。

如果可以的话，试着在事情较少的时候休息一天，好好放松一下。关机重启一下自己真的很重要！然后，当你感觉精力充沛时，再试着开始处理你的焦虑观念。如果有可用的心理治疗师、咨询师或社工的话，你也可以咨询一下他们。如果没有，那你可以一个人或者叫上朋友一起来进行。当你感到焦虑时，试着识别当下脑子里的想法并解读它们是一件很有意义的事情。在这之后，你就可以安心地告诉自己"我很好"（因为你就是很好），然后让这些想法爱来来、爱走走。

焦虑观念不会控制你；它们只是看不见、摸不着的想法，不会改变、预测或影响你生活的任何部分。你可以体验它们，然后对"该配合的演出视而不见"，不做任何事情去阻止它们的表演——使你认为将要发生可怕的事情。这真的很难，但克服焦虑确实需要练习。加油，别放弃！

第三部分

释放你的压力

在努力的过程中,我们不需要为任何事感到羞耻。

布琳·布朗(Brené Brown)
最受欢迎的五大 TED 演讲者、美国最具影响力女性之一

第9章

当你感到快要崩溃时

你是一个人,你只有一个大脑、一个身体,你所能承受的压力是有限的。当你的大脑同时承受太多事情时,你就会几近崩溃,并拼命想处理掉它们。这可能是因为你很忙,也可能是因为你的大脑已经过载了——不管怎样,压力可能已经堆积起来了,现在一切都在沸腾。

当这种情况发生时,最重要的是要记住,你不必非得在这一秒解决问题。当你已经到达极限时,继续强迫自己是不对的,即使有工作需要在截止日期前完成,或者你只是需要完成一些给你带来压力的事情。试图马上去做这些事情只会让情况变得更加困难。

此时此刻,你需要做的就是停下正在做的事情。停止工作、交谈、写作。在你脑中尽你最大的努力使待办事项清单停止盘旋。这取决于是什么让你感到快要崩溃,有时很难做到这一点,但没关系。

你可以拿出日记本或一张纸,在五分钟内写下所有你想到的事情——从午餐想吃什么,到明天要做什么。把一切都在纸上写下来。如果你的大脑过载了,你需要清空它,那这是最快的方法。做这个练习可能会让你稍微放松一些。如果没有，那就休息一会儿，即使只有半个小时。做一些能让自己平静下来的事情——听听音乐，看看视频，或者只是单纯地压压马路，总之，通过做一些慢节奏的事情来舒缓你紧张的身体和思想。

如果你被压垮不是因为工作或学习，而是因为你的心理问题，那这种列清单的方式可能没那么有用。话虽如此，但还是值得一试，看看节奏的改变是否能缓解你内心的焦虑情绪。如果不行的话，就试着找出目前影响你的症状，并思考如何缓解它们。在治疗中，你可以学会更轻松地面对这些症状。下面是你的大脑可能正在做，但被你忽视的一些事情。

过度思考

我知道你在想什么："我总是想太多，我知道自己之所以如此是因为我感到焦虑。"然而，我们有时并没有意识到，我们在开始感到焦虑之前，就已经过度思考了很久。你可能会因过度分析某件事（或多件事）而感到有压力，你的大脑会因不断试图解决它而变得疲惫。你也可能已经习惯了过度思考，以至于你甚至没有意识到自己正在这么做。患有焦虑症的人很多时候都会想得太多。因为这种思维模式对他们来说太正常了，他们意识不到它有多糟糕，直到他们的大脑超负荷工作一整天，他们的心力被耗尽。如果过度思考让你感到有压力和焦虑，如果你正在与它做斗争，那你可能需要阅读这本书中有关焦虑的部分。

预测未来

当我们的生活中有重大事件发生时，有时我们会花很多时间去预测将要发生的事情。对于有精神疾病的人来说，担心事情会变坏，试图阻止它发生或试图控制局面是很常见的。所以，最好记住我们是不能改变未来的。

我们无法控制什么会发生、什么不会发生，想象每一个可能的场景会占用我们大脑的很多内存，也会消耗我们很多能量。学会活在当下是一种很重要的自我照顾。

比较性思考

另一件可能会占用你大量精力的事情是比较性思考。你可能习惯了将自己的任何方面与他人进行比较，比如工作上的成功、生活方式/财产、外貌，甚至是恢复的进展。

有时候，我们想要拥有别人拥有的东西，或者渴望有能力做他们能做的事情，这会让我们觉得很挫败。这种不断的比较会给你带来很多渴望成功的压力。需要注意的是，你永远都无法真正地和他人的生活做比较，因为你无法了解他们的一切，所以你的比较永远都是片面的。关于这一点，你还可以阅读这本书中关于自尊的部分。

一个有用的练习是把给你带来压力的事情分成你能控制的和你不能控制的。你可以使用下面的压力事件分类表（详见表 9–1）。

在下面的空白处，你可以写下任何东西，从你的担忧、对某个主题的想法，到你目前面临的问题——任何使你快要崩溃的事情。对于左边栏中的每一点，提出一些可行的解决方案，并就你想做的事情做出一些决定。在此之前，你可能需要确定这个问题确有必要解决，而不是你多虑了。对于右边栏里的事项，你需要练习释然和放下，尽管对于大多数我们无能为力的担忧，学会接受现实对我们而言都很困难。

表 9-1　　　　　　　　　压力事件分类表

我能控制的事情	我不能控制的事情

另一个我曾不止一次做过的练习（无论是跟治疗师一起还是我自己）就是使用压力桶。你可能也在治疗中见过。如果你见过，那我现在温馨提示你：快要崩溃的时候可以使用这个技巧。如果你没有，那我来解释一下。压力桶是另一种管理你生活中压力源的方式，你可以使用接下来几页中的插图来进行这项练习。

在这个练习中，你要用所有正在影响你的事情装满一个桶。当我说"所有的事情"时，我指的是你现在生活中的每一个压力源——可能比你意识到的还要多！我会先一步一步地指导你。把每一个压力源都放进压力桶里，根据它们对你的影响程度，安排它们所占的空间大小。

+ **日常压力**。我们每天的日常事务：起床、穿衣、洗澡、吃饭、走路、开车，以及和人聊天。这些是我们每天都会做的事情，但有必要归入这个范畴。你可能会提出异议，因为它们似乎并没有给你带来压力。但是想想看，当人们经历艰难的阶段时，他们普遍觉得困难的是什么？对我而言，睡觉、吃饭、洗澡这些事情都是。所以每件事情都很重要，不管它有多么微不足道。

+ **人际关系压力**。我指的不仅仅是恋爱关系，而是你生活中的每一种关系——和朋友、和家人，还有和伴侣的关系，它们都很重要。这些还只是日常的关系压力。如果发生了某些特定的事情，比如分手、争吵，或者是失去某个朋友，这种压力还会升级。

+ **日常工作压力**。这仅仅涉及去工作（或学习）的行为，以及相关的所有事情。

+ **持续的恐惧和怀疑**。这些对我来说很有趣，因为除了焦虑导致的恐惧，我还有其他更普遍的恐惧。那些都属于这个范畴。一个很好的例子是，我担心自己永远都买不起房子，因为它们实在是太贵了！这种恐惧和我的精神健康无关，而只是一个普通的生活问题，但有时会频繁地出现在我的脑海中。

✦ **健康问题**。如果你有任何身体或精神上的疾病/障碍/创伤,那它们可能要占很大一块地方。

现在我们已经记录了所有非特定的事情,这些事情或是与你有关,或是与你所处的当下有关。它们包括任何使你感到困难的情况、任务、事件、工作、想法、人、行为,等等。一旦桶里放不下了,就溢到桶外面来。如果你还有什么不明白的,可以看看下面这个例子(如图 9–2 所示)。

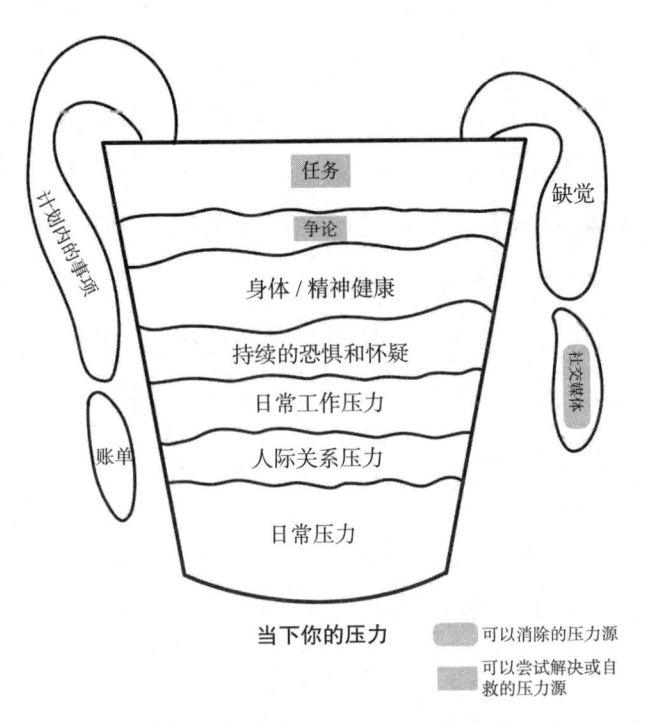

图 9–2 压力桶示例——当下你的压力

下面的空白压力桶是为你准备的，试一试吧（如图9-3所示）。

当下你的压力

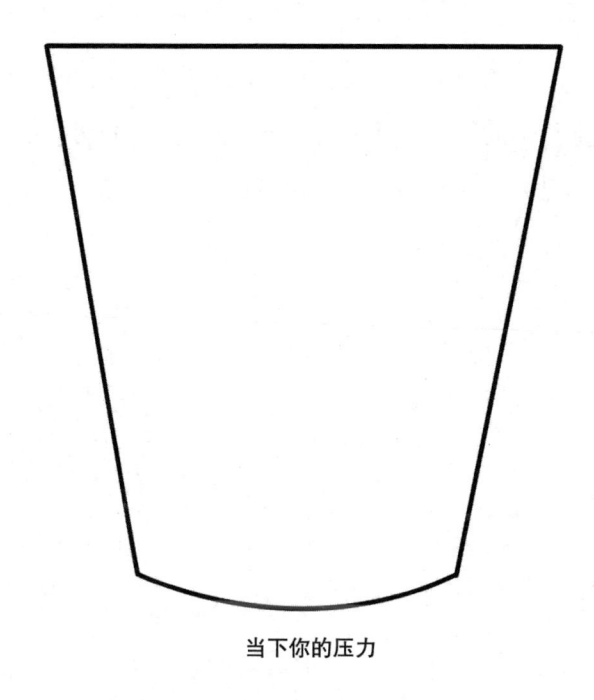

图9-3 空白压力桶——当下你的压力

如果你当前的压力桶中有任何可以消除的压力源——即使只是暂时消除（比如一个星期左右），把它们突出出来。在我们的例子中是用长方形色块突出显示的。

如果有一些压力源是你无法完全消除的，那就再做一个标记，标出那些你可以尝试解决或自救的压力源。在我们的例子中，它们用椭圆形色块突出显示。

你试图解决的每一个压力源都会在你装满的水桶上戳一个洞。

用你完成的活动来标记压力桶里的洞（如图 9-4 所示）。

重复这一步骤，尽可能多地添加一些机制来帮助缓解压力。

除此之外，我们还可以添加其他有助于减轻压力的事项，从而在桶上戳上更多的洞。这可能包括治疗、冥想、和朋友聊天，或跑步。它们通常是一些你喜欢而且比较有创意的事情，例如看电影、读书。之所以要做这个练习，是因为它可以让你：

✦ 看到你的压力不是无缘无故的；
✦ 看到比较大的压力源是什么；
✦ 思考减少当前压力的潜在方法。

你可以想出一些方法来应对压力源，这些方法甚至可以是你以前尝试过的，当你感到不堪重负时，可以回头看看这个清单。

写下你喜欢的事情，从而可以有意识地把它们添加到你的生活中，这样你就不会一直在做有压力的事情。通常，享受愉悦（如果你能从压力中找到它）是一种天然的减压源，即使它很短暂。

第 9 章 当你感到快要崩溃时　63

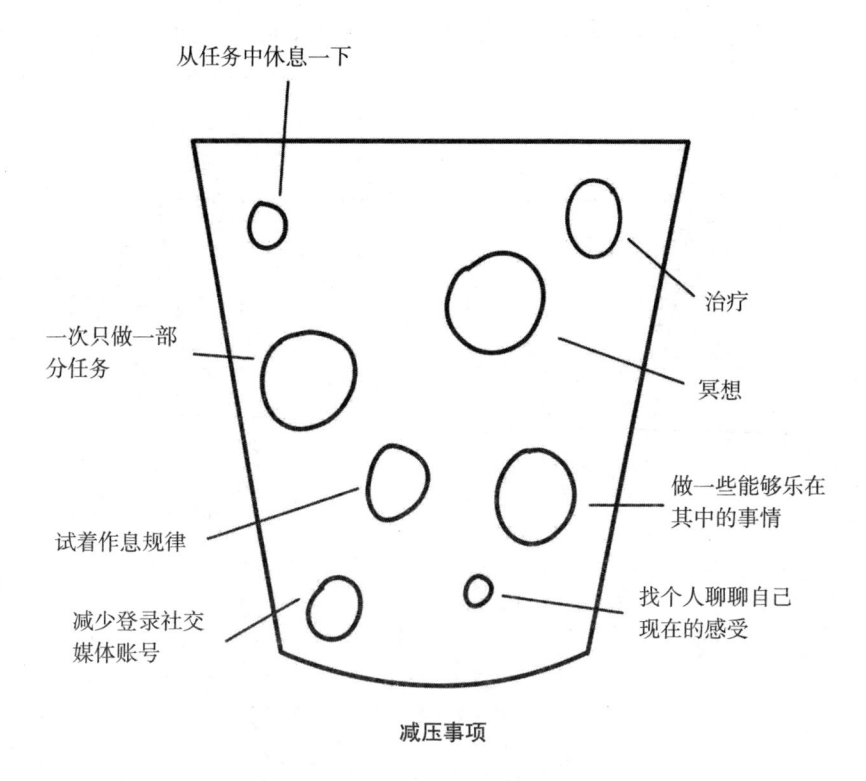

从任务中休息一下

一次只做一部分任务

治疗

冥想

试着作息规律

做一些能够乐在其中的事情

减少登录社交媒体账号

找个人聊聊自己现在的感受

减压事项

图 9-4　压力桶示例——减压事项

下面的空白压力桶是为你准备的，试一试吧（如图 9-5 所示）。

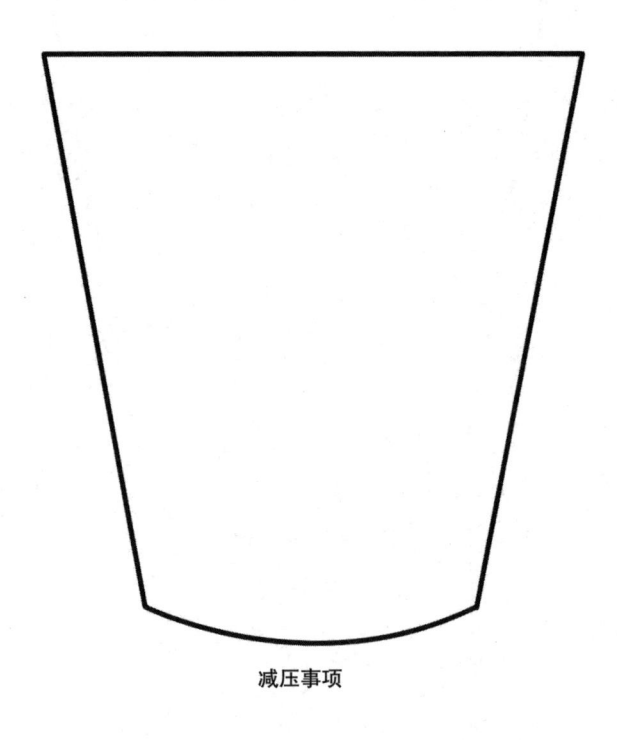

减压事项

图 9-5　空白压力桶——减压事项

第 10 章

当你忙得不可开交时

考虑到你这么忙,这一章我长话短说。

一天的时间很有限,你能做的事情也很有限。如果你给自己安排的工作太满,就会让自己"超载",要及时意识到这一点。

如果你最近正在承受高强度的压力,那你可以评估一下手头的事项,看看有没有什么事情可以从日程表中删除,或者请别人帮你分担一下。如果不能,另一个选择就是有效地委派。

我发现当我面临这类问题时,有一种方法很有用,就是制订计划。这看起来不值一提,因为制订计划人人都会,但其实这大有玄机,让我来解释一下。

过去,我每天都会给自己制订一个计划清单。每天早上起床后,我都会列出所有我需要做的事情,然后一整天都在责怪自己没有完成全部。这让我非常焦虑,我为没有完成"足够多"的事情而感到内疚。这让我无法集中精力,进而导致我的工作效率大幅下降。

后来，我改变了策略：每到周一（但不是每个周一，我不是机器，我也有犯懒的日子！），我会像往常一样写下待办事项清单。但除此之外，我还会把每周的每一天的任务都写下来，把任务分散到每一天，每天只做几项需要完成的任务。这让事情感觉容易多了。

在此之前，我希望每天都尽可能多地完成工作，但这是不现实的。你必须为自己设定每天都能实现的目标。否则，即使你已经做得足够多了，也会觉得自己做得不够！我喜欢在完成任务后划掉它们；大多数时候，我需要完成三到四个任务，但有些时候我会有很多小任务。这些小任务的完成是很能提高你的积极性的。所以列清单时不要用"整理房子"之类的字眼，而是要把每个任务单独写下来，比如"打扫地板""开动洗碗机""洗衣服"，等等。当你做这些事情的时候，你会发现你做的比你预想的还要多。再比如，你可以在清单中具体地写"开始写论文"，或者"拟出论文大纲"，而不是泛泛地写"做家庭作业/课程作业"。

我建议你先把所有的事情都写在一张长长的清单上，把那些最重要的事情放在日程安排的第一天。另外，把当天要做的有关联的任务分组，这样可以节省时间。合理规划为我节省了很多时间。以前我把很多时间都浪费在了对抗压力上，什么事也做不成，因为我的精力都被情绪消耗了。现在尽管有时我还是会有这样的感觉，但我会让自己回到时间表上，回到可实现的目标上来，这对我很有帮助。请记住，不要对自己期望太高——你不可能开挂般地在一天内完成所有的事情！

嗯，还有一点，当你工作的时候，请记住，你每天的感受都是会变的。如果你想知道为什么你觉得有些事情今天格外困难，那可能是因为你这会儿大脑状态不好。这很正常。你不需要每时每刻都很"high"，做事高效，像打了鸡血一样精神饱满。我们都是普通人！

第 11 章
当你因学业或考试而压力重重时

重新思考考试

把这句话当作一个善意的提醒：考试并不能定义你的价值。学术成就并不是成功或智慧的唯一标志。我向你保证，你的学习成绩永远都不会也不可能决定你的人生走向。

我知道当你有很多事情要做，尤其是要写论文或考试时，你会感到压力山大，甚至几近崩溃。你可能会担心复习得不够充分，害怕考不好。但是请记住，你已经花了很多时间来准备考试，所以当你感到底气不足时，你可能会忽略自己每天一点一滴的积累。为了顺利通过考试，你其实已经学会了一大堆东西。比如，为了顺利通过考试或写出优秀的论文，你需要使用写作、阅读和记忆技巧——你在读这篇文章时已经在使用所有这些技巧了；你还要管理自己的心理健康水平和压力水平，并不断给自己加油打气。

所以，在想着一定要考好或论文得高分之前，请确切地想一想自己做了多少功课，你做得已经够多了。请不要给自己太大的压力，对自己温柔一些。你已经尽了最大的努力，这就够了；但行好事，莫问前程。这听起来可能很老套，但如果你仔细想想，你参加了所有的课堂主题，该听的听了，该学的学了，即使没有考出好成绩，学到的这些东西也还是自己的，你还是有收获的。所以不要因为没有考好就气馁，无论结果如何，你的努力都是值得的。

接下来，为了做到这一点，你可以使用下面这个空白列表（详见表 11–1）。在表中，你可以写下自己自开学以来取得的所有成就和习得的所有技能，为接下来的考试做准备。

表 11–1　　　　　取得的成就和习得的技能清单

我已经……

♥

♥

♥

♥

♥

♥

♥

♥

当你努力学习或工作的时候，请记得休息一下。如果任务量太大，让你觉得自己淹没在了工作、论文和课程作业中，那就一次只做一个小时或者一次只做一项任务。你仍然可以顺利通过考试或度过目前困难的工作阶段。

你会感受到"身轻如燕"的。一切都会好的，我相信你，你应该为自己的成绩感到骄傲，因为你已经尽了最大的努力，这就足够了。

教育自己和他人

考试和课业并不是学校里仅有的压力。除此之外，学校本身就让人很有压力。社交、日常事务、最后期限、压力——每天都有很多事情要处理。如果学校的任何方面对你产生了负面影响，那你一定要告诉别人，而不是单打独斗。如果遇到了问题而你自己又想不出解决办法，最好向更有能力的人求助。话虽如此，如果是你的心理健康问题让上学这件事变得更困难，可能没有一个完美的解决方案。不过，你可以做一些事情，让自己过得更容易一些。

从小学到高中，我都是一个很害羞的孩子，而且还患有焦虑症（当时我对它一无所知）。这让我在学校一直都过得压力重重，尤其是我无法集中精力上课，因为我要与惊恐发作做斗争。当我回顾那段日子时，我无法相信自己竟如此地坚韧——我的大脑在试图"自燃"，而我却能够安坐在课堂上。我的朋友们尽他们所能帮助我，对此我一直心存感激。但我始终觉得，如果那时能得到更好的心理健康教育，事情可能会更容易。令我不解的是，尽管老师们在某种程度上了解我的情况，知道我去见了学校咨询师，但他们营造出的气氛总是很"诡异"，用一个词形容就是"讳莫如深"，就好像大家都不想和我谈论我的精神疾病一样。

在高中的最后一年，事情发生了一些变化，我成了应对考试压力和自信小组中的一员。老师们不明白的是，我承受的不仅仅是考试压力，我还在努力解决如何与精神疾病共存的问题——这是两件完全不同的事情。这种误解是无知的直接结果，这激发了我创办"积极网页"的愿望，以尽可能多地教育人们，增强他们对精神疾病的认识。

上大学之后，我对自己的想法有了更深入的理解，也因此能更好地向我的老师解释我的障碍是如何影响我的。我把和他们进行公开讨论作为自己的使命，我们达成了协议——在我感到焦虑或快要惊恐发作时，我可以离开课堂，试着平静下来。如果你认为这样做对你也有帮助，那我强烈建议你和你的老师谈谈。对我来说，只要意识到自己可以在适当的时候逃走，同时没人会生我的气或需要我做什么解释，压力就减轻了很多。当谈到学校和精神疾病时，我最大的建议就是告诉别人你正在经历的事情。被诊断患有精神疾病并不是一件可耻的事情，经历困难也不可耻。如果你不知道该如何开口谈论自己的心理健康问题，请重温本书的第一部分。

第12章

当你因工作而备感压力时

人们很容易忘记，工作并不是生活的全部。我们成长的社会在很大程度上以一个人的工作和生产力来衡量他的价值。这种价值观忽略了一个人生活的其他方面。我不知道工作对你来说意味着什么，但我知道如果你正在阅读这本书的这一部分，那很可能说明你的工作给你带来了问题。这个问题可以通过与你喜欢的事情重新建立联结来解决。通常情况下，人们会过于专注自己的工作日程，从而忘记娱乐、享受生活也很重要。

当被告知自己干得不够多时，有些人会感到很内疚，因为他们认为这意味着他们很懒惰。但在我看来，这是因为我们从小就被教育"要努力""只有做了足够多的工作，才能收获幸福"。从家庭作业到考试，我们都是在为成年后的工作做准备，所以毫无疑问，在这个过程中我们忘记了享受生活的重要性。工作和娱乐之间应该寻求一个平衡点，但通常人们会在一条道上走到黑。他们一天到晚都在工作，除了工作还是工作。这不仅是对身体和精神的消耗，更重要的是，它忽略了人类的其他自然情感需求。所以，如果你感到有压力，那可能是因为你在这方面失去了平衡，没有照顾到自己的其他需求。我知道有时候这说起来容易做起来难，但是每周找点时间放松一下是很有必要的。你可以定期做一些自己喜欢的、能提升自己、让自己充满激情的事情。休息一下又何妨？

留些时间让自己停下来歇歇不会使你变得懒惰。享受乐趣（或者什么都不做）是一件好事。大脑要想保持健康也需要休息！在你休息和放松的时间里，你可以做下面这些事情。

学习一项新技能

学习新技能是一件很有趣的事情，而且现在有了互联网，学起来也容易多了！你的新技能可以是创造性的，比如某种艺术、绘画、平面设计或摄影，也可以是一门新的语言。

它可以是在户外进行的，比如园艺（如果你没有花园，也可以学习一下修剪室内植物）、如何使用指南针，或者去远足。你甚至可以把它们组合在一起：带着指南针去远足，收集一些树叶或树枝，把它们做成艺术品并拍摄下来。让你的想象力飞一会儿，而不是试图关闭它，一门心思工作。几年前，我的妈妈开始学习做陶器。每个月她都会在下班后去上几次陶艺课，然后心满意足地回来。看到她花时间做自己喜欢的事情，我真的很开心。

培养一种新爱好或重拾旧爱好

你是否曾因没有时间去做某件事而放弃了它？你想念它吗？现在你为自己腾出了更多的时间，也许是时候再试一次了。你脑海中出现了什么？是跳舞、阅读（你可以加入一个读书俱乐部）还是写日记、缝纫、摄影或运动？

与朋友或家人见面

有时候，我们只是需要与我们爱的人重新建立联系。

做一些放松的事情

冥想、瑜伽、按摩、芳香疗法，或者抬头看看天上的云彩，然后记录下什么事情能够让你放松下来。你可以做任何帮助你把注意力从工作上转移开的事情。

忧虑盒：我该怎么对抗强迫行为

最近，我觉得压力越来越大，焦虑的次数也增加了，有时甚至会出现惊恐发作。我的强迫行为也增加了，这更加重了我的压力。有时，我觉得这些感觉一下子全来了，有时又觉得什

第 12 章　当你因工作而备感压力时　　75

么不好的感觉都没有，我很安全。我和学校的工作人员谈过这件事，而且也在学校咨询师那里排了号。我要求他们不要告诉我的父母。我不知道要等多久，也不知道该如何处理自己的情绪，我没有人可以倾诉。你有什么建议给我吗？

　　你好，得知你面临这么大的压力，我也感到很难过。强迫行为是最难解决的问题之一，我完全理解为什么它对你会有这么大的影响。你找了我和咨询师，这真是太好了。这些都是很大的进步，你应该为自己感到骄傲。你提到自己经常会产生很多不好的感觉，这让你觉得招架不住、几近崩溃。这个时候要对自己温柔一点，这并不容易做到。当所有的感受同时袭来时，试着暂停你正在做的事情，把这些感受和你当下的想法写下来。这样做可以帮助你理清思绪。你甚至可以列一个你正在做的强迫行为的清单，这在你看心理咨询师的时候会派上用场。坚持下去，你一定能挺过去的。

忧虑盒：如何应对解离状态

　　昨晚我第一次经历了解离状态，我不确定自己今天感觉如何。我最近一直很抑郁、焦虑，还有点迷茫，但是后来我的整个身体都麻木了。当这种情况发生时，我该怎样帮助自己呢？我该如何做才能让自己在经历解离状态后恢复正常呢？

听到你说经历了解离状态，我很难过。这确实很糟糕，但我很高兴你能来找我。解离要么是对创伤的反应，要么是因为你被招架不住的想法和感觉淹没了。这就是为什么一些解离症患者会感到麻木，大脑感觉有点飘忽。如果你是这种情况，那么当你独自一人时，务必要确保自己的安全。因为有时你可能会因注意力不集中而做出一些危险的事情。

当你开始感到思维游离时，我建议你去查找一些可以使用的着陆技巧。你可以去找人聊聊天，即使只是聊聊天气，也能把你的思绪"拽"回到此时此地。其他一些技巧包括坐在地板上、把手放进水里（注意不是热水），以及画画。

经历解离状态后，让感觉恢复正常是一件很困难的事情，你会觉得一切是那么地模糊，这会让你感到很焦虑。一个很好的建议是，如果你的解离状态出现在晚上，那就干脆睡一觉；如果它发生在白天，那你就尽力该做什么做什么就行了。做一些事情来提醒自己"我是安全的，这一天很好，和解离状态出现之前一样好"。我知道这些症状很难应对，但请记住，你不是一个人。

关于应对压力，我的朋友阿比盖尔是这样说的：

压力以不同的方式影响着我们。我发现，去上大学对我来说是一个巨大的扳机点——在一座新的城市,和陌生的人在一起,学习一门之前一无所知的学科。作为一个既不喝酒也不参加派对的人,新生周令我特别难熬,我的惊恐发作变得更严重了。但我并不担心,因为没过几个月我就结识了一些很好的朋友,很快就适应了。

大学期间,我尝试了各种压力应对机制,其中最适合我的是下面几种。

- ✦ 散步。这可能是最简单的事情,但绝对有用,尤其是和朋友一起或边走边听新专辑时。无论是什么天气,我都会在一天当中抽出半个小时散步,这真的有助于我的头脑保持清醒。
- ✦ 和教授聊天。确保他们都知道我的焦虑和压力,以及如果我觉得自己必须离开课堂或请假,他们都能理解并接受。他们对我都非常友善,这对我来说是一个很强大的支持网络。
- ✦ 在校园里找一个安全的地方,当我想休息一下或"隐身"的时候去那里。
- ✦ 确保自己尽可能地井井有条。通常,当我看到用彩色笔涂鸦的日程表时,我就会感到很振奋。我尽可能地制订好计划,并做好准备,这让我能够放松下来细细体会自己所有的新体验。

第四部分

乘风破浪

你会冲破惊涛骇浪的。

第 13 章

当你情绪低落时

你可以哭，这一点问题都没有。情绪低落是很正常的，不是只有你一个人身处黑暗中。我向你保证，你不会永远这样的。你不需要强迫自己去觉得幸福。你此刻的感觉也是正确的，即使你不知道为什么会有这种感觉。如果可以，请尽量不要因情绪低落而生自己的气。我知道这很令人沮丧，但你应该被温柔以待，而不是自我憎恨和自我批判，请放轻松。

当你情绪低落时，最重要的是不要把自己隔离起来。人们通常会一个人待着与自己的思想做斗争。情绪低落很容易让你与你爱的所有人、所有事隔绝开来，因为这些日子似乎太漫长、太痛苦，你觉得身边的人可能无法理解你。然而，当你把自己孤立起来时，你也就剥夺了自己与他人建立联结并获得理解的机会。

如果你可以向朋友或家人倾诉自己的感受，那就再好不过了。尽管这可能并不能立刻解决你的痛苦，但和他们谈谈要比一个人扛着好得多。然而，跟其他人在一起并不意味着你必须谈论自己的感受。如果你一个人实在扛不住了，不妨约个人见面，随便聊点什么，即使聊的内容和你的心理问题没有任何关系。有个人陪着你，让你知道自己并不孤单，这比什么安慰都管用。与朋友或家人唠唠家常、谈谈八卦，能让你避免一直陷在对消极情绪的过度思虑中。

当我情绪低落时，有一件事能帮助我，那就是练习接受。我知道这听起来可能有些不可思议。过去，只要我感觉自己出现了强烈的情绪唤起，我的第一反应就是试图平复它或找到某种方法来控制它。但后来我了解到，我们要做的不是控制感觉和情绪，而是控制自己如何应对它们。请耐心听我说，我知道这样做要困难一百万倍。情绪，无论是好的还是坏的，都是人类体验的一部分。不管我们喜欢与否，无论我们如何努力控制，我们都会经历消极情绪。这些感觉会经常出现，你必须去感受它们，特别是如果你患有抑郁症或其他精神疾病。我不知道你是怎么样的，但当我试图阻止自己感受这些情绪时，我往往会感受到压力。它们很可怕、很糟糕，所以我们会觉得控制它们毫无疑问是合理的。然而，每当我尝试控制它们，结果都让我更加焦虑、更加挫败——我觉得自己在打一场必败之仗。

你是不是每天早上醒来后，都告诉自己要试着快乐，不要沮丧，不要为一些事情而感到不快，不要一天到晚都很低落？当你这样做的时候，你其实是在与自己为敌，而不是把自己当作盟友。你可以这样想，如果你的朋友告诉你他们心情不好，你肯定不会说："好吧，不要再心情不好了。"那么，为什么你要这样对自己呢？与

第13章 当你情绪低落时

其试图控制消极情绪，不如试着控制你对这些情绪的反应。

下次当你情绪低落的时候，试着去倾听你的感受，哪怕只有一小会儿。

理解你的情绪。尽管它们会让你在一段时间内不舒服，但你可以处理它们。练习接受你不能控制的事情，并且不去做那些从长远来看只会让它们变得更糟的事情，比如药物滥用、消极的自我对话或自我隔离。这个时候，你需要的是支持和善待；你可以试着与自己友好地交谈："我就是心情不好，那又能怎么样呢？"

记住，消极情绪只会存在一阵子，绝不会存在一辈子。

所以，你可以再次向别人伸出求助之手，让你知道自己并不孤单。尽量不要因为抑郁而生自己的气，因为这不是你的错。你不是总能控制自己的感觉，你不应该受到任何形式的惩罚，甚至自我训诫。掌控这种黑暗的感觉，会让你变得非常勇敢，我为你的坚忍点赞。如果我能帮助你减轻这种感觉，那我一定会这么做的。但我相信你可以做一些你曾经认为很可怕的事情，你可以战胜沮丧的感觉。你比自己想象的要强大。

在我的网站上，一个勇敢的好心人匿名分享了她情绪低落的经历：

> 我知道情绪低落很难摆脱，但我学会了对自己有耐心，让自己在几天或几周内尽情低落，然后再想办法让自己感觉好起来。我会做一些能够缓解情绪的事情，比如听令人振奋的音

乐、有趣的有声读物，或者在浴缸里美美地泡个热水澡。

我还会写下过去几年里我取得的所有成就，回忆那些快乐的时光，这通常会让我感觉好一点。和友人在一起也会有帮助，因为他们能帮你振奋精神，让你开怀大笑，同时他们也能理解你正在经历的事情，给予你所需的空间。

第 14 章

当你感到没有动力时

想做某件事却找不到动力恐怕是最令人沮丧的感觉之一了。我理解这种痛苦。有时候你确实需要做一些事情，但就是提不起劲儿去做。如果你现在有这种感觉，我想先提醒你不要给自己太大的压力。重要的是，在这个时候不要对自己太苛刻；相反，反思一下你今天或这周的感受，然后花点时间检查一下：

- ✦ 你的大脑是不是过度工作了？
- ✦ 你是否感到紧张、焦虑或情绪低落？
- ✦ 你是否在和很多自我怀疑做斗争？

当你这样做的时候，审视一下今天可能影响你的其他方面也很有必要。

- ✦ 你睡得好吗？
- ✦ 你有没有给自己足够的休息时间？

✦ 你的饮食正常吗？

有时候，我们之所以没有动力去做一些事情，是因为我们的心理健康出了问题。在善意地审视自己之前，不要只是假设自己是在偷懒或找借口。如果你感到抑郁或焦虑，或者你的大脑已经连续好几天全速运转，那么这可能会占用你大量的能量和注意力。感觉没有动力通常有一个潜在的原因。对我来说，这通常是自我怀疑。大多数时候，当我觉得自己正在做的事或制订的计划不够好，或者我完成不了时，我就会失去动力。不妨告诉你一个秘密：在写这本书的时候，几乎每一章我都会因这个原因而失去动力！

我不知道你想完成什么任务——也许是一个项目报告或工作报告，也许是课程作业或一篇学术论文，抑或是一件艺术作品，又或许你已经丧失了做任何事情的动力。生活似乎是由一大堆不想做的事和另一堆不想做的事组成的。我敢肯定，你有这种感觉一定是有原因的，不要告诉我是因为你想偷懒，我不接受这个借口。如果你的心理健康状况不佳，你的积极性肯定会受到影响。这就是它的工作原理！

在你弄清楚自己为什么没有动力后，你需要想想自己可以为此做些什么。如果问题出在你的身体状况上（睡觉、吃饭、休息时间等），那么在你开始做你需要做的事情之前，试着调整这些方面是值得的。早点睡觉，按时吃饭，合理安排作息时间。如果你的情绪正在影响着你，那么最好等它们过去之后再行动。但如果缺乏动力是你的一个常规问题，那可能就会比较棘手。

第 14 章　当你感到没有动力时

如果你每周都对相似或相同的任务缺乏动力，那么你绝对有必要通过研究潜在的问题来恢复动力。就像我之前说的，对我来说，这个潜在问题是缺乏自信、自我怀疑。有时我一连几个星期都没有信心，这让完成工作变得特别困难。

在和心理咨询师的互动中，我意识到自己之所以缺乏动力，是因为我认为自己的工作做得不够好。在我们确定了这只是我的自我怀疑，而不是事实之后，我开始能够给自己一个喘息的机会。这帮助我不再因为工作速度不够快或做得不够完善而感到沮丧；相反，它让我意识到一个事实：如果工作感觉没有平时顺利，那可能是因为我的精神状态不佳。现在我知道了这一点，所以在这段日子里，我开始试着用善意而不是评判的方式来跟自己对话。尽管有些时候，这让我很难跟得上别人的步伐，但我并不着急。毕竟，自爱是一段旅程。

当你感到没有动力的时候，你是如何进行自我对话的？你是否在内心对自己大喊大叫？你是否开始对自己今天需要做什么以及什么时候做指手画脚？如果没有完成所有的事情，你是不是就会感到沮丧，并评判自己？如果是的话，那你可能会让事情变得更糟糕。

对此，一个好的检查方法是问自己是否愿意这样和朋友聊天。你会为了让他们做点什么而对他们很刻薄吗？不，你不会。那你为什么要这样对待自己呢？记住，不要用愤怒来攻击自己，而是要善待自己、意识到自己的感受和处境。要理解自己今天就是过得很艰难，并意识到这并不可怕。感觉自己要完不成工作，这太正常了。

不要一味追求工作效率，放轻松一些，完不成又怎样？你可以使用表14-1，在其中用更积极的内在声音，代替那些无用的自我对话。

表 14-1　　　　　　　温柔地激励自己

通过耐心地对待自己而不是一味沮丧来激励自己，找到动力。

沮丧的声音

你今天必须要做这件事，没有任何理由，如果你不做，那就太不负责任了

vs

温柔的声音

一点一点来吧，即使有困难也不要紧，尽力就好——尽人事听天命，大不了重做一遍，肯定会有进步的

沮丧的声音

vs

温柔的声音

沮丧的声音

vs

温柔的声音

动力发现仪

另一种激发你动机的方法是回想你做那件事的初衷。即使是最常见的任务,例如穿衣服或做午餐,背后也是有原因的。这样做,你的努力就有了目标。对于日常任务,下面是一些你可能想要做它们的原因。

穿漂亮衣服的初衷

仅仅是穿漂亮衣服就会让你感觉更自信,准备好迎接这一天。挑选一件你喜欢的衣服去完成你最近觉得困难的事情;去见朋友,或者去散步。

做饭(或点心)的初衷

为你的身体补充能量,为一天的工作做准备,练习烹饪技巧,尝试新事物,或者直面恐惧并为自己感到骄傲(如果你在与进食障碍做斗争)。

整理空间的初衷

为了有一个更有条理的空间来工作或生活而去整理它(这有助于减压);仅仅是为了在一个整洁的空间里获得满足感(是的,有些人很喜欢这样)而去整理它。

现在轮到你了!在表 14–2 中写下你自己的任务吧。

表 14-2　　　　　记录做日常任务的原因

在下面的横线上填上你每天的任务以及你为什么想做这些任务。

任务：_____
你做它的原因：_____
_____
_____

任务：_____
你做它的原因：_____
_____
_____

任务：_____
你做它的原因：_____
_____
_____

任务：_____
你做它的原因：_____
_____
_____

任务：_____
你做它的原因：_____
_____
_____

如果你不是没有动力做每天的日常任务，而是在更具体或更长期的任务和项目上有困难，那你最好根据自己的情况列一份清单。

以下是一些更通用的例子，你可以采用并将其个性化。

- **完成学校作业**。提前完成作业，这样你就不必再去"惦记"它；按时交作业，避免完不成作业的压力；拓展和深化自己的知识，更好地学习这门学科；把做完的事情从待办清单上划掉。
- **完成个人项目**。做一件你引以为傲的事，给你为之奋斗的人留下深刻印象；提高你的工作能力、学习或教学能力。
- **创作艺术作品**。提高你的水平，把你的作品挂在墙上；创作一些你引以为傲的东西来表达自己；找到新的艺术创作方式，为别人做一些东西。

在表 14-3 中写下你的长期任务以及为什么你想做它们。

表 14-3　　　　　　　　为长期任务找到动力

任务：_____
你想做它的原因：_____
_____
_____

任务：_____
你想做它的原因：_____
_____
_____

任务：_____
你想做它的原因：_____
_____
_____

任务：_____

续前表
你想做它的原因：_____
_____
_____

任务：_____
你想做它的原因：_____
_____
_____

　　希望这一章的内容能够帮助你解决缺乏动力的问题。你能读到这句话本身就是一个好迹象，这表明你刚刚读完这一章，正在努力寻找动力。也许你比自己想象的更有动力！也许你是能做到的，只是需要多相信自己一点……

第 15 章

当你感到困顿时

感到困顿？仅仅是这一点就足以使你的情绪一落千丈，或给你的日常心态带来很多紧张感。

对停滞不前的不满也会使你对自己想要什么样的生活感到迷茫。我们可能没有意识到这一点，但我们对我们想要什么和我们的计划想了很多。

你可能会觉得自己被困住了，因为你对自己现在的生活方式很不满意，也不知道下一步该怎么走。这可以由任何事情引起：工作、职业、人际关系、生活状况或未来。你知道自己被什么困住了吗？如果你知道，那就太好了！这是摆脱困境的第一步！如果你不知道，那就让我们把这种感觉分解成更小的部分。在表 15-1 中写下你生活的不同方面。

现在看看你填了些什么。哪些事情让你不开心？你可以通过"删除"什么来解决这个问题？也许有个人让你很失望，你不应该

表 15-1 分解你的感受

任务/生活事件	你的感受	如有必要,可以改变吗
	☹ ☷ ☹ ☺ ☻	
	☹ ☷ ☹ ☺ ☻	
	☹ ☷ ☹ ☺ ☻	
	☹ ☷ ☹ ☺ ☻	
	☹ ☷ ☹ ☺ ☻	
	☹ ☷ ☹ ☺ ☻	
	☹ ☷ ☹ ☺ ☻	
	☹ ☷ ☹ ☺ ☻	
	☹ ☷ ☹ ☺ ☻	
	☹ ☷ ☹ ☺ ☻	

再和他在一起了。你可以做些什么改变来使你的生活更愉快吗？你可能会发现，仅仅是做出一些小小的改变，就能使你感到更快乐。

有时候，我们之所以觉得自己被困住了，并不是因为我们需要将某人或某事从我们的生活中"删除"，而是因为我们只能被动等待某些事情发生。这会让我们经历很多不适，不知道什么事情让我们感觉不对劲或者不知道错过了什么，会让很多感觉浮出水面，而我们通常不知道该如何处理这些感觉。然而，有时候，我们只能和它们一起静静地坐着，等待改变降临。如果你觉得自己做不到，那就走出去寻求改变，尝试新事物。

你可以开启一项你从未参与过的新活动，结交一些新朋友，学习一项新技能。你可以尝试做下面的事情。

- 烘焙；
- 摄影；
- 参加读书俱乐部；
- 参加聚会；
- 在慈善机构、动物收容所或青少年中心做志愿者；
- 尝试一种新的运动或锻炼方式。

当你的精神疾病阻碍你时

如果你有任何类型的精神疾病，那你有可能会受其影响在某一点上被"卡"住。

当你失去希望时，这种停滞的感觉是很常见的。压倒一切的情绪，以及有可能使你陷入绝望循环的行为问题，都会妨碍你的日常生活。这些妨碍可能来自以下方面。

+ **安全行为**。这在焦虑症患者中最为常见，包括回避、寻求安慰、不健康的分心和逃避。
+ **不健康的应对机制**。如药物滥用、隔离和过度睡眠。
+ **强迫行为**。这在强迫症患者中最为常见，包括强迫检查、强迫性仪式动作、强迫性纠正想法、强迫性寻求安慰和重复行为。
+ **饮食失调**。

到目前为止，这些行为症状是最难处理的，因为它们对你生活的影响是毁灭性的。它们也是我在本书中讨论的最困难的事情。

你可能会觉得这些行为问题决定了你所做的一切。对我来说，直到接受治疗，我才意识到自己每天做了多少加剧我焦虑的强迫行为和安全行为。它们几乎已经成为我的"日常"，帮助我感到安全。这些症状越严重，我的焦虑和强迫症也会越严重。情况越糟，我的情绪就越低落。每次我因它们而无法顺利做事时，我都会对自己、自己的生活和未来感到难过。这些行为和随之而来的想法让我如此沮丧，我认为自己永远都爬不上岸了。

那时，我真的觉得自己被困住了，我以为这种感觉会一直持续下去，但我可以很自豪地说，在我写这篇文章时，我已经不再那样想了。我知道我可以掌控自己的强迫症和健康焦虑症状，包括由此产生的安全行为。你也能做到。你有能力变得更勇敢，挑战不健康的行为，打破恶性循环。你有能力改变所做的事情，因为这种疾病会损害你的幸福感。但我也不想骗你，进行这样的改变真的很难。它不会一蹴而就，也不会仅仅因为你决定改变就自动进行。

以这种方式摆脱困境需要付出很大的努力。这听起来很可怕，你需要进行大量的练习，并且在此过程中你很可能会失败很多次。但不能马上成功并不意味着你不能成功。不管你尝试了多少次、失败了多少次，不管你有多少次觉得太难，想要放弃，这都不意味着你"不行"。你可以在行为上做出改变。我保证，你不需要那些安全行为、强迫行为，或者任何你的疾病要你去做的事情。你既不需要它们，也不需要把自己孤立起来，或回避你爱的人和事。你不需要把自己藏起来，你可以进行反击。

如果你做到了如此困难的改变，那你就会发现，过去的很多事情对你来说都变得更容易了。甚至在某些情况下，你可以做到一些自己原本做不到的事情。如果你真的做出了改变，或者尽了自己最大的努力，那我为你感到骄傲。你也应该为自己的努力感到无比自豪，因为这真的很难，需要很大的勇气。

第 16 章

当你感到空虚时

感到空虚并不意味着你的生活真的空虚。当我们感到情绪低落、麻木甚至迷失时，我们常常会环顾自己和生活中的事物，觉得它们没有任何意义。你可能会觉得自己像一块硬纸板——扁平、无趣、易碎。这种麻木感可能会充斥你的一天，甚至一周。我知道你希望能发生点什么事，让你的感觉更好。我希望你不要失去希望。下面这些话你可能听不进去，但我还是要说，这种可怕的空虚感不会永远存在，它这会儿存在并不意味着它下周这个时候还会在这里，甚至明天这个时候它可能就消失了。我知道读这篇文章不一定能治愈你，但重要的是要记住，麻木感不会永远存在，你会再次感到振奋，重拾快乐和骄傲。

现在，我不知道是什么导致你产生了麻木感——也许你自己也不知道，不过这没关系。我知道你迟早会重拾所有的感觉。即使你现在看不到自己的人生目标，你也属于这里。你的生活很重要，而且是有意义的。有时你可能会再次产生这种感觉——当所有事物接踵而来，而你却觉得少了点什么，或者当你经历一段困难时期时。但也有很多时候你不会有这种感觉。你的生命是有潜力的，其中包含的可能性永远都不会消失。

我们无法预测未来，因此也无法得知这种感觉会持续多久。但永远都是这样的感受是不可能的！我们所知道的是，未来有很多不同的选择和情境等着你去经历，每一种都会给你的生活带来一些不同的东西。也许你现在的生活很空虚，但在某个时刻，它会再次充满机遇。可能是一个新朋友、一份新工作，一种你尝试了并发现自己真正擅长的爱好。它甚至可以是一本书或一部电影……总之，它可以是任何能激励你的东西。你会再次充满希望、爱和激情。现在，遗憾的是，你将不得不忍受这种不舒服的感觉。不过，如果你不想，也不必强迫自己去感受积极的事物。不妨放轻松，让自己的大脑休息一会儿。

你很快就会有能量东山再起，重新体验新的感觉。但现在，你要做的就是休息，善待自己。

你现在可能没有在做一些"有意义"的事情，但这并不意味着你将来不会。现在，你正在学习如何渡过难关，你的力量每天都在增长。处理这种感觉是你将来要做的事情。下次当你有这种感觉的时候，你就会想起上次自己挺过来的时候。如果你想体验更多关于自己的感觉，你可以做以下几件事。

✦ 放一些你最喜欢的歌曲。如果你有喜欢跟着跳舞的曲子，那就是它们了！它们可能会让你回忆起上次听它们时的美好时光！

✦ 坐在阳光下，让你的皮肤沐浴在阳光中。这种身体感觉有时可以帮助你着陆和避免出现解离状态。还有一种方法是将你的手放进冷水中浸泡一分钟左右。

✦ 找一些纹理清晰的东西，然后让手指在纹理上划来划去。这同样有助于着陆。你甚至可以脱掉鞋子和袜子（如果你在一个安全的环境中），感受你脚上不同的纹理。

✦ 翻看旧照片，它们也可能会唤起美好的回忆。

忧虑盒：我该如何帮助朋友

我的一个好朋友已经和抑郁症斗争多年了，他目前正在经历一个特别艰难的时期。我试着支持他，理解他的感受，但不知为何，我似乎从来没能让他感觉好一点。我在网上看到很多关于"什么不该说"或"什么不该做"的信息，但我几乎找不到任何关于"正确的建议"的信息。你能帮我这个忙吗？作为他最好的朋友，我想尽力帮助他，哪怕我带来的改变可能微不足道。

你好！你肯这么花心思去帮助朋友，可见你是个可爱又善良的人。请注意，每个人的经历都不一样，所以别人的建议可能并不适用于你的朋友。不过，你可以问问你的朋友，他需要什么或者什么可以帮到他。我曾问过我所督导的心理健康社区里的人,当他们遇到困难时,什么能帮到他们。他们告诉我,他们需要的答案是"我随时在这里倾听你""你可以联系我",以及"你做得比你想象的更好"。

提醒他们他们有人爱、有人关心、有人想要倾听他们的感受,这对他们来说很重要。如果得不到理解,人们很容易感到被孤立,这就是为什么我们要主动出现在他们面前。即使他们还不确定自己需要什么,我们也要确保他们知道我们一直在那里。

心理问题没有简单的解决办法,所以平静地长期陪伴他们是你所能做的最好的事情。如果所遇到的事情对他们来说似乎相当糟糕,如果你认为他们可能需要专业支持,那么就尽力帮助他们去获得专业支持。你可以去打听打听,在你们所在的地区如何获得心理治疗服务(通常是先去看全科医生)。

你是一个善良和有爱心的人,你的朋友真幸运。

忧虑盒:我该如何回归职场

几年前,我曾经历了职业倦怠,从那以后一直无法工作。我变得非常抑郁,现在我已经好了很多,但还是很害怕回到工作岗位。我甚至不敢跟我的心理治疗师说。我在考虑做一份跟之前完全不同的工作，但我不知道该做什么。你有什么建议吗？

生病休假后重返工作岗位真的会令人望而生畏。你为此感到担心很正常。首先，给自己一些信心，你看，你现在恢复得这么好，甚至还考虑回去工作，这太不可思议了，你肯定付出了很多努力。

害怕是正常的，但是仅仅把这个想法告诉你的治疗师（或任何人）并不意味着你要马上去做这件事。如果你准备好了，可以和别人聊一聊自己是怎么想的，并花更多的时间考虑具体要怎么做，按照自己的节奏来做。如果你觉得自己还没准备好，就不要给自己施加回归工作的压力。你可以和治疗师一起制订一个计划，看看可以做些什么与之前不同的工作。治疗师不仅仅会治疗你的抑郁症，还会帮助你学会如何在现实世界中应对它，特别是在日常情境中，如工作。他们知道这对你来说不是一件容易的事，并且会支持你。

忧虑盒：我的情况有了好转，但……

几年来，我一直在和抑郁症做斗争，去年是我人生的低谷，我甚至还曾试图结束自己的生命。后来情况好了一些，但仍然不是很好，只是不再像去年那样糟糕。所有人都认为我

"好多了"，尤其是我的母亲，我觉得她并没有真正理解过去八年在我身上发生了什么。

你的战斗是有成效的。抑郁症真的、真的很难应对。当你爱的人不理解你的痛苦或觉得"这有什么"的时候，真的很令人沮丧。重要的是要记住，不管别人怎么看，你所经历的一切都是重要的。你的感受很重要。

你如此勇敢地与抑郁症斗争了这么长的时间，你应该为自己在这个过程中的进步感到骄傲。你在前进的道路上已经走了这么远，相信你也能感受到自己的进步。我知道，有时敞开心扉会很难，但是和你妈妈谈谈你的挣扎可以帮助她理解你的处境。当我们强烈地感受到某个事物时，它对我们来说是显而易见的，但对外人来说并非如此，他们可能就理解不了我们到底有多痛苦。因此，不妨敞开心扉谈谈这些以及抑郁症如何影响了你的生活。

忧虑盒：我真的没事了吗

我患有抑郁症和焦虑症。对于这两种病，我都在吃药。目前看来，我已经取得了很大的进步，但我担心这都是假象——我担心自己只是在假装感觉好些。我不相信变好的感觉是真的。我担心自己不是真的没事了。

恭喜你取得了进步！不过适应这些进步带来的新的生活习惯可能会很可怕。你会过度考虑自己的感受，这并不奇怪。关键是要相信你所知道的，而不是焦虑和过度思考"告诉"你的。在我看来，你的焦虑正试图掩盖你的康复。它让你怀疑自己，并挑出每一个可能意味着"我没有好"的细节。焦虑是错误的，是非理性的，这意味着它说的不是真的。你的进步就是甩给它的一记耳光，让它知道自己有多离谱。

忧虑盒：令人沮丧的诊断

我刚被诊断出患有临床抑郁症。我的精神科医生想监测我是否患有双相障碍、强迫症或广泛性焦虑症，以防万一。我妈妈和我一起去看的医生，我不知道他们谈了些什么，但从那以后她就一直哭个不停。我不知道她是疯了、害怕了，还是觉得自己不是个称职的家长，但这让我很内疚。因为我的问题，让我妈妈受到了伤害。尽管我知道这不是我的错，但还是觉得这就是自己的错。

我想对你说："这不是你的错。"我知道你因为妈妈难过而感到内疚，但这并不意味着是你让她难过的。她爱你，不想让你经历这些；你不能对她的感受负责。她需要一段时间来适应——发现自己的孩子有任何疾病都是一件很可怕的事。但再说一次,这不是你的错。

你否认不了自己的痛苦。确诊也是一件好事,你妈妈和治疗师都可以帮助你好起来。也许现在还看不出来什么,但最好让你妈妈也参与进来。现在她知道发生了什么事,就可以帮助和支持你。走出这片黑暗森林需要一些时间,但最终你们都会平静地面对自己的治愈之旅!祝你好运。

第五部分

有时，你看不到自己的光芒：
别忘了给自己留点爱

第 17 章

当你努力寻找自信时

我们常常会觉得自信是一个"全或无"的东西,但事实并非如此。

毫无疑问,爱自己、相信自己所做的一切是一种很理想化的情况,对一些人来说,这几乎不可能实现。你可能会想,"我这辈子都不可能自信",或者"我觉得自己一败涂地"。相信我,你不是一个人。然而,有一些方法可以帮助你打破这些想法,建立自信。

我要说的第一点是,不要再相信自信要么全有,要么全无。

你不需要每时每刻都感觉良好才能对自己有信心。尽管有些人看起来就是这样,每天都光彩照人,但我可以保证情况并非如此。

想想那些在你看来自尊水平比较高的人,他们可能是你在现实生活中、在工作中或学校里认识的人,也可能是社交媒体上的人。在此,我想告诉你的是,他们也有不自信的时候。他们也是人,不可能每天都感觉很好。

自我感觉良好不一定要一下子做到，你可以把它分解成小步骤，一步一步地感受成功，一步一步地让自己更快乐。

你可能在某件事上觉得很有自信，但在另一件事上就没那么自信了，这也是很了不起的！你可以这样做：每周写下三件让你喜欢自己的事情。

✦ 一件关于性格的事情；

✦ 一件关于生活／工作的事情；

✦ 一件关于外表的事情。

下面是一个例子：

✦ 我对别人很友好；

✦ 我喜欢写作；

✦ 我喜欢我的卷发。

在表 17–1 中写下三件你喜欢自己的事，记住要善待自己！

表 17–1　　　　　　　　称赞自己

我喜欢自己的……

性格

♥

生活／工作

♥

续前表

外表

♥

我喜欢自己的……

性格

♥

生活/工作

♥

外表

♥

我喜欢自己的……

性格

♥

生活/工作

♥

外表

♥

试着选择那些能让你会心一笑的事情，哪怕这样的事情很微不足道。如果你正在为此挣扎，请记住你值得被自己爱。我知道，这说起来容易做起来难，但这是事实。你的自信可能会被不值得爱的感觉所阻碍，仿佛你是谁、你拥有什么都不够。但这也不是事实。

这就引出了我的下一个观点。

对于练习获得自信，我要说的第二点是，记住，你不必为了喜欢自己而改变自己。当你反思自己的方方面面时，不要再对自己评头论足，觉得这也要改变，那也要提升；相反，你应该指出自己已经做得很棒的方面，它们（你的大部分方面）不需要改变！拿自己和别人的身体、工作或财产做比较，你永远都不会对自己所拥有的感到满意。

总会有人盯着你，脑子里想着同样的事情——拿他们自己和你以及你拥有的东西做比较。我们都花了太多的时间关注别人，试图弄清楚如何改变自己，让自己变得和他们一样，但我们都忽略了一点——我们拥有的其实已经足够了。你的技能、你的梦想、你的发型、你的衣服、你的身体——它们都已经足够好了。它们成就了你，你绝对是有价值的、有成效的、够格的。你不需要别人的这个或那个来变得善良或美丽。你已经是这样了。

我要说的第三点是，忘记"犯了错误就不能再拥有自信"的想法。我们所有人都会偶尔犯错，但我们也都会从错误中吸取教训，获得成长。你不应该仅仅因为犯了错误就受到自我憎恨的惩罚。花时间让你的身体充满挫败感是没有用的。每次琢磨自己的过失都猛踢自己也没用。

如果我们因做错事情而愤怒，久而久之，这种愤怒就会转变成自我憎恨。我们会把这些错误整理成一个清单，用来解释为什么我们认为自己不配拥有某些东西，或者为什么我们不相信自己。现在，你可能正抓住许多小错误、失败和困难不放，而这些都在阻止你"自我感觉良好"。这是一种极具破坏性的思维方式，这种消极情绪会拖累你。相反，你不如把它们摁在墙上，告诉它们"老子原谅你们了"，然后让它们滚蛋。当你把消极的事情当作不喜欢自己的借口时，请练习自我原谅的过程。这样做能够为你腾出一片空间，让积极情绪进来。犯错对任何人来说都是难免的，所以要为自己留有余地。这不应该妨碍你自我感觉良好。

我要说的第四点也是最后一点是，不要认为自信会让你成为自私或傲慢的人。它不会的。当你的自信心增强时，除了会让你感到更快乐外，你的生活也会变得更容易。这绝对不是坏事。当你没有被自我憎恨的声音轰炸时，你会感觉自己更强大。

如果有人表现得很欣赏他自己，我们经常会觉得，他不是自恋就是自私或傲慢。问题是，自信并不是这样的。它会给予你足够的重要性，让你知道自己值得拥有什么，有多能干，有多闪耀。自信既可以是大范围的，也可以是小范围的——可以是在身穿让你感觉良好的衣服时表现出色，也可以是在完成一个项目的过程中表现出色。当你坐在家里看电视的时候，你不必觉得自己有多光彩照人，记住，你只是一个人！

我喜欢把一些鼓励自己的话写在便利贴上，然后把它们贴在镜子上。在我们开始一天的工作之前，我们通常会照照镜子。一些小小的提醒能迅速提升你的积极性，这不是很好吗？你也可以剪一些方形的纸，在上面写下你喜欢的励志话语，然后用胶带把它们粘到醒目的地方。如果你愿意，你也可以在网上寻找一些建议。如果你暂时没有什么灵感也没关系，你可以在有想法的时候随时往镜子上贴东西。图 17-1 所示的这些话语供你参考。

你很重要！

你很坚强！

你真的很棒！

别人需要你！

照顾好自己！

很多人都爱着你！

注：你可以沿虚线剪下。

图 17-1　励志话语

第 18 章

当你看不到自己的能力时

还记得那次你觉得自己做不到但后来做到了吗？你这次也一样可以。

有时我们会陷入自我怀疑的消极思维循环中。当消极的声音开始肆虐时，我们会看不到自己的能力，即使我们以前做到过这些事情。当你怀疑自己时，回想一下自己以前产生这种感觉的时候，并证明自己是错的。还记得那些你认为自己做不到的事情吗？事实证明大多数你都做到了。我们往往更在意自我怀疑的声音，而不是我们真的做到了什么！

事实是，你每天做了这么多小事，从长远来看，它们会积少成多！这是一个视角的问题。你之所以对自己做的事情没有信心，要么是因为你认为它们不值一提，要么是你对它们已经习以为常，觉得这是自己的日常工作，以至于你看不到自己完成了多少。事实上，你比自己想象的更有能力。你一直在埋头做事，但却没有给予自己一点信任。看看这周你做了多少事情？你是否曾停下来赞美过自己，或者鼓励自己继续前进？如果没有，为什么不现在试试呢？

花几分钟的时间，坐下来赞美一下自己。如果你觉得做这件事有点傻，或者对自己的话感到难为情，那就克服这种尴尬，大声说出来。想想你这周做过的任何事，现在就说"我为自己所做的事感到骄傲"。你可以用你想说的任何话来代替赞美，但要确保你指的是今天或这周完成的事情。

想知道还有什么是事实吗？那就是你做到了，尽管这一周的生活给你带来了各种烦恼——坏情绪、疲惫、关系闹剧、不舒服、缺乏动力、缺乏自信，但你还是挺过来了，你做到了，太棒了！

现在，我们已经花时间真正理解了我们所做的事比我们想的要多，那么让我们来看看你阅读这本书的原因之一。你是不是很想自信地做事，但却觉得自己很无能？如果是这样，那就看看下面这个流程图（如图 18-1 所示）。

让我们确定自己是在用积极而不是消极的词语进行自我对话。

✦ 不要说"我做不到"，而要说"我能做到"。

✦ 不要说"我永远做不到"，而要说"我通过练习能做到"。

✦ 不要说"我太笨了，我觉得做这件事很困难"，而要说"有困难很正常，我会花时间去完成它"。

第 18 章 当你看不到自己的能力时　　117

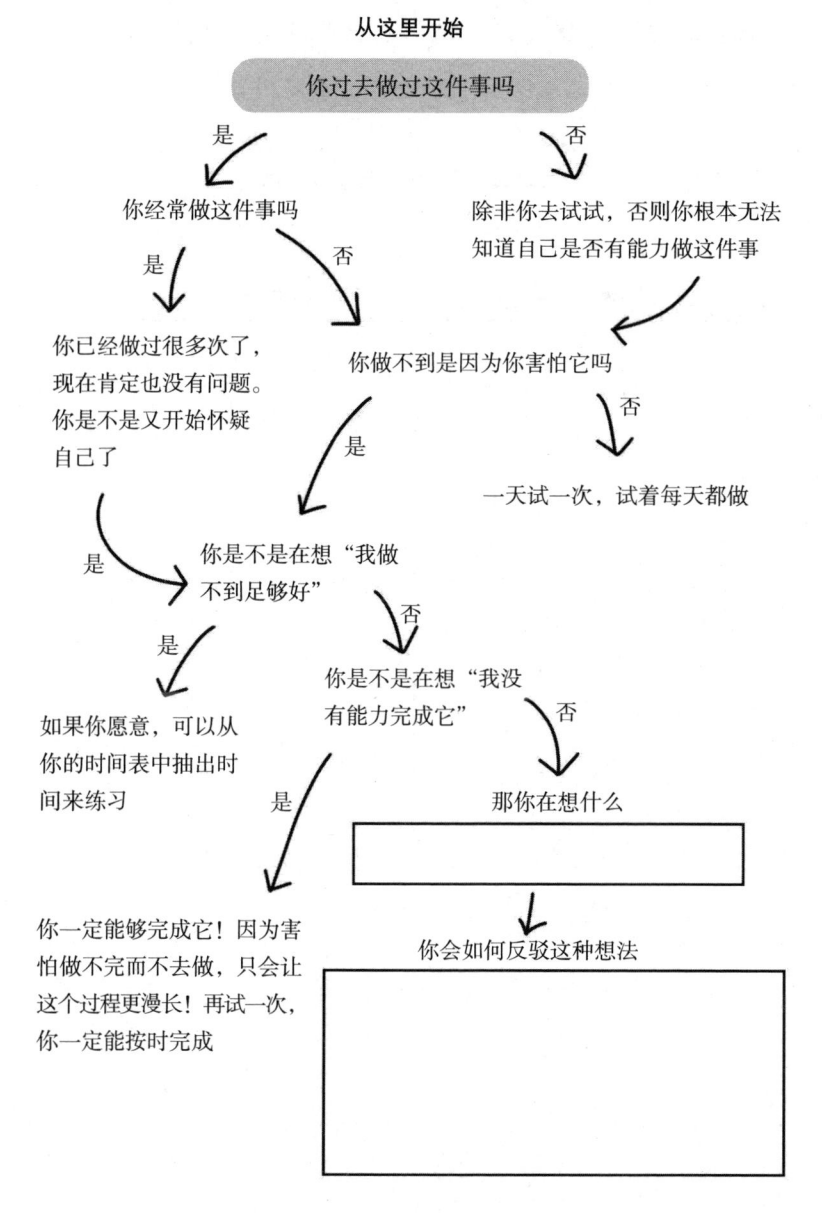

从这里开始

```
            你过去做过这件事吗
          是 ↙           ↘ 否
   你经常做这件事吗         除非你去试试，否则你根本无法
  是 ↙    ↘ 否            知道自己是否有能力做这件事
你已经做过很多次了，    你做不到是因为你害怕它吗
现在肯定也没有问题。         ↓ 否
你是不是又开始怀疑       一天试一次，试着每天都做
自己了
  是 ↓
     你是不是在想"我做
     不到足够好"
  是 ↙     ↘ 否
如果你愿意，可以从    你是不是在想"我没
你的时间表中抽出时    有能力完成它"
间来练习
              是 ↙      ↘ 否
你一定能够完成它！因为害      那你在想什么
怕做不完而不去做，只会让      ┌──────────┐
这个过程更漫长！再试一次，    └──────────┘
你一定能按时完成              ↓
                        你会如何反驳这种想法
                        ┌──────────────┐
                        │              │
                        └──────────────┘
```

图 18-1　建立自信流程图

现在，使用表 18-1 试一试，用积极自我对话替代消极自我对话。

表 18-1　　　　消极自我对话 vs 积极自我对话

消极自我对话	积极自我对话

第 19 章

当你觉得没有安全感时

当我们用不切实际的标准来衡量自己时，我们常常会感到很不安。"不够好"的感觉来自这样一种想法：我们需要做更多的事情来不断超越自己。自我判断控制了我们，告诉我们"应该"或"不应该"是什么样子——但事情从来都不是非黑即白的。没有什么正确的方式是你必须要遵循的。做自己没有对错之分。

不安全感有时源于你不知道"我是谁"。我相信你也知道，这是我们人生中都要思考的重大问题之一。了解自己并选择如何定义自己是一个令人困惑的过程。

我和我的朋友玛格丽塔·巴比里（Margherita Barbieri）讨论过这个问题，因为她经常把"爱自己"和如何解决饮食失调问题挂在嘴上。我向她解释了我的观点：我们是谁是会变化的，具体取决于使我们感到快乐的事情。她问我这是什么意思，我是这样解释的：

让你成为现在的你的不是某一件事，而是很多件事。你就像你自己的太阳系。想象一下，在你的内心，有很多颗星星，每一颗星星都是造就你的东西。它们可以是任何东西：你喜欢和热爱的活动，你的情绪和感受，你的信仰和价值观，你的梦想，或者你最喜欢的其他事情。随着我们的成长，我们是谁也会发生改变（这意味着这个过程是流动的），因为有些星星在某些时候会比其他时候更耀眼。你看，我们也不是每天都以相同的程度享受同样的事情。这些事情在我们的一生中都发生着改变。你可能今天在做某件事的时候感觉很快乐，但几年后就不再喜欢做这件事了。你总能找到新的东西去爱、去享受、去相信。正是这些新增加的星星、太阳系的新成分，造就了现在的你！

随着你的成长，你会经历新的人生阶段，新的星星会取代那些对你来说不再重要的星星。没关系，我们不会一辈子都是由相同的星星组成的——就像夜空一样，一切都在变化中。暂时不知道自己是谁也没关系；你的体内很可能正在转化并创造新的星星。你不会永远迷失的，你的光芒是如此耀眼，即使你自己看不到……但总有一天你看到会的。

在天空中，不断有星星诞生和消亡。天空并不会因有的地方亮、有的地方暗而变得不那么美丽。我们需要花一点时间调整望远镜来观察和欣赏我们的新自我。

给自己写一封原谅自己的信。你可以从头开始写，也可以使用下面这个模板。在这个练习中，你可以通过原谅自己没有不安全感来练习爱自己。根据你的情况在下面的横线上写上相应的话。

一封原谅自己的信

亲爱的＿＿＿＿＿＿＿＿＿＿

我原谅你＿＿＿＿＿＿＿＿＿＿＿＿＿＿＿＿＿＿。我很抱歉说你的坏话；你不是＿＿＿＿＿＿＿或＿＿＿＿＿＿＿＿＿；你是＿＿＿＿＿和＿＿＿＿＿＿。我原谅你做过的所有"错事",因为恨你也不能帮助你前进,所以我不应该这么对你。你有犯错的权利。我很抱歉我有时会因＿＿＿＿＿＿对你发脾气,我知道你真的很努力了。如果你经常觉得＿＿＿＿＿也没关系,这并不意味着你＿＿＿＿＿＿。你很坚强,而且＿＿＿＿＿＿。如果你原谅我,我们可以一起对抗这些困难的情绪。谢谢你＿＿＿＿＿＿＿＿＿。

加油!

＿＿＿＿＿＿＿＿＿＿

忧虑盒：我总觉得自己不够好

我觉得自己永远都不会取得什么成就,我对任何人来说都不够好,无论是朋友还是爱人。我曾经被骗过两次,我前男友也因为搬走而放弃了这段感情。现在我一直试着去了解别人,但从来都没有成功过,我觉得自己不够好。至于朋友,无论我对他们有多好,或者我为他们付出了多少,他们似乎都从来没有真正关心过我，而总是更愿意跟其他人聊天或交往。所以我一直在问自己，我真的不够好吗？

你不需要别人的认可来证明自己足够好。我知道你很难相信这一点，但这是真的。那些离开你的人做了什么并不能说明你的价值。不管他们留下与否，都改变不了一个事实——你已经足够好了。有时我们需要一段时间才能找到合适的人；也不是所有人每时每刻都会爱别人，这没关系。他们也可能只是看起来不关心你，因为你太渴望得到爱了。你可能不会承认这一点，因为你觉得自己不配得到爱。不，你配！在找到一个重视你、关心你、支持你的人之前，你可以不断地寻找、结交新朋友。朋友应该帮助你站起来，而不是把你往下拽，记住这一点！

忧虑盒：我觉得自己做什么都不行

我觉得自己做什么都不行。其他人看起来都很厉害，而我做任何事不是很平常，就是很糟糕。

我觉得你对自己太苛刻了！如果你有这么多的自我怀疑，很可能你比自己意识到的做得要好。需要记住的是，你不必为了擅长某件事而要次次都做到最好。即使你做得并不完美，它也是足够好且有趣的。你有能力做好它,这就够了!与其花时间去比较你能做什么和别人能做什么,不如去比较你正在做的和你以前做的。培养技能的方法是提高自己,而不是观察别人。除此之外,乐在其中也很重要!

第六部分

你只是需要休息：
你已经从不眠之夜中活下来了

第 20 章

当焦虑在午夜袭来时

当你想睡觉却因胡思乱想而睡不着时,我敢肯定你(和大多数人一样)会试图控制这些想法。为了减少焦虑,你是不是还试过想些别的事情?但这实际上只会使你更加清醒。

这不仅会让你的大脑更辛苦地工作,从而使你更加清醒,从本质上来说,这样做也是无用的。你的大脑与你的心、肺、肾一样都是器官。如果你试着让你的心脏停止跳动,它会听你的话下班吗?不。大脑的工作原理与之类似,无论你告诉它什么,它都仍然会思考它想思考的东西。

我知道你很想用这种方式来分散注意力,你是真的想停止焦虑,但强迫自己不是办法。一种有用的方法是——我知道这听起来很疯狂——让那些想法自然通过。而且,当你这样做的时候,要安慰自己一切都好,因为事实就是如此。

这些担忧不会伤害你,因为它们不是事实。它们只存在于你的脑海里，没有任何事实的成分。你也应该让它们自行消失。与其试图控制那些令你焦虑的想法，不如试着调整自己来缓解焦虑情绪。试着让自己冷静下来，提醒自己：无论大脑念叨什么，你都和之前一样好！这样，即使有焦虑的念头冒出来，你也能保持冷静。我知道这说起来容易做起来难，而且需要大量的练习，但这是值得的！

健康焦虑和睡眠

如果你为自己的健康感到焦虑，那你就会知道焦虑在凌晨1点你想睡觉时来敲你的门是多么地常见。这可能是最可怕的经历了，你的大脑试图让你相信你的身体发生了不好的事情。我知道这很难控制。如果你现在正在经历这些，那我要提醒你，你是安全的。不管你是怎么想的，你都是安全的，你的身体也很好。相信我，你的身体知道该如何照顾自己。

你可能想做的第一件事就是从你爱的人那里寻求安慰。如果是在半夜，这可能会有点困难。但好消息是，这种不便实际上是有好处的。我建议你尽量不要向别人寻求安慰，尽管你可能会觉得这很难做到。这个建议听起来很愚蠢，但你会发现，每次你去向他人寻求保证，都会使你更难相信自己的判断。焦虑往往会让你觉得无法相信自己的话，或者觉得别人的安慰更准确。这不是真的。你完全可以相信自己的判断，知道自己没事（即使你并没有完全这么觉得）。这样做很困难，但确实很有帮助。

第 20 章 当焦虑在午夜袭来时

当我和治疗师把加剧我健康焦虑的事情列出来时,我学会了这个技巧。每当我的健康焦虑开始蔓延,尤其是当我想睡觉的时候,我想做的第一件事就是叫醒别人,告诉他们我确信自己出现了所有危险的身体症状。我需要他们倾听我并告诉我"你很好,你的身体感觉很正常,没有危险,纯粹是你多虑了"。但后来我了解到,这只会加剧焦虑的循环,对我没有任何好处。

健康焦虑的循环如图 20–1 所示。

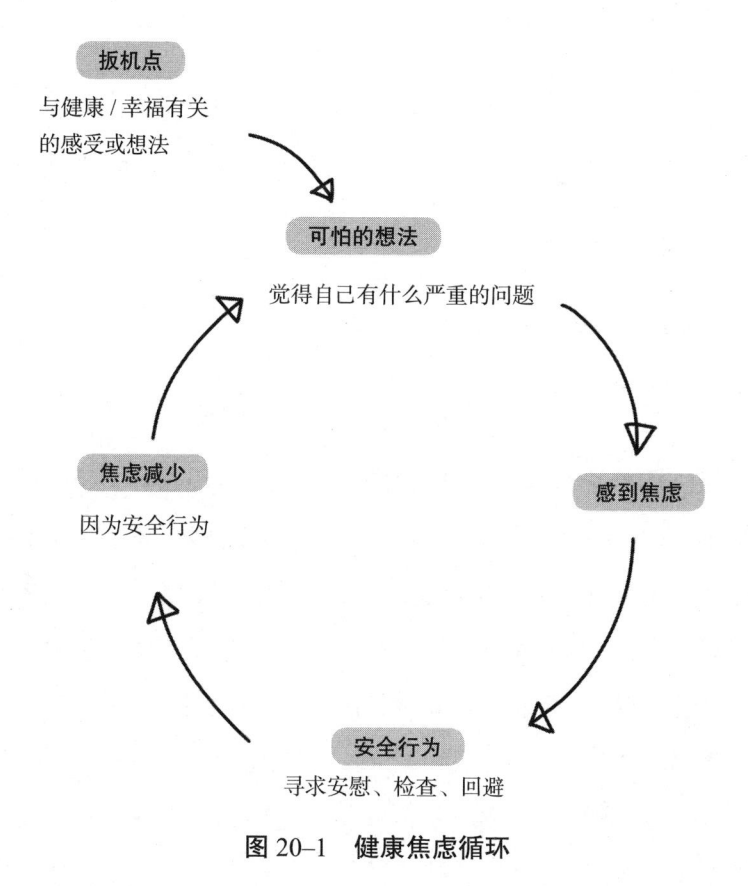

扳机点
与健康/幸福有关的感受或想法

可怕的想法
觉得自己有什么严重的问题

感到焦虑

安全行为
寻求安慰、检查、回避

焦虑减少
因为安全行为

图 20–1　健康焦虑循环

在了解了这一点后，我意识到我需要打破这个循环，最终阻止这种习惯性的健康焦虑毁掉我整个晚上的睡眠。要打破这个循环，你需要在扳机点袭来时告诉自己，你是安全的。你需要真正相信这一点。

这样，当焦虑加剧时，甚至在它出现之前，你就可以安心了。如果你觉得这太难了，实在找不到有力的话语来安慰自己，那么你唯一需要做的就是在试图入睡时，尽力阻止自己做任何其他（针对健康焦虑的）安全行为，包括：

- 睡觉前检查自己的身体是否有异样（感受身体的某些部位，四处走动检查身体的某些部位，测试呼吸，感受脉搏/心跳，等等）；
- 在心里检查身体；
- 向别人寻求安慰；
- 去网上搜各种症状。

做这些事情可能会暂时缓解你的压力，但无法产生长期的帮助。如果你能在第一步"扳机点"中打破这个循环，就有可能获得更多的睡眠。我不知道你是怎么想的，但当健康焦虑失控时，末日的感觉可能会持续一整夜。我们要阻止这一切的发生！与其做一些会继续这个循环的事情，不如想想什么有助于在它上面炸出一个大洞。要做到这一点，我建议你试试以下方法。

- 练习设置一个担忧时间,我们在第 6 章中提到过这种方法。
- 把你的注意力转移到其他事情上。一旦你开始感到焦虑,就通过一个健康的方法来分散注意力。这有助于你的大脑不再围着你的身体感觉转。可以使用的健康的分心任务包括阅读、看视频、进行单词搜索或拼图游戏。更多分心任务可以参考本书第 5 章的相关内容。

> **能让你安心的自我对话**
>
> 我以前有过这种感觉,那时我很安全,现在也一样。
> 我知道当我焦虑时,我身体的感觉就会增强。
> 一切都很好,什么事都没有。
> 我记得胸口痛也是焦虑的一种症状。我的身体正在复原。
> 我不是非得受焦虑的摆布。我可以说:"不,你错了。我很安全。"

第 21 章

当你因大脑太清醒而无法入睡时

你可以采取一些措施来防止这种事情的发生。你可能听过一些这方面的措施,如果没有,下面是一些有用的建议。

✦ **睡觉前的几个小时停止工作**。如果你是一个大忙人,经常要工作到很晚,那这可能会导致你无法放松下来。当你工作到很晚的时候,你没有给你的大脑时间去切换到一个更放松的模式。你的身体在工作模式下是不想睡觉的,所以在工作和睡觉之间留出一些时间来放松是非常重要的,可以让你紧张、快速运转的大脑在晚上从工作模式切换到睡眠模式。很多人会在睡觉前看看电影或电视节目,这可以帮助他们把注意力从工作中转移出来!如果你不喜欢看电视,也可以看看书,花点时间和爱的人在一起,或者听听音乐。总之,睡前做些任何与工作无关、不用集中注意力的事情都很好。

✦ **执行"晚间计划"**。这可能包括每天在同一时间上床睡觉,不要吃得太晚,在睡觉前留出时间放松,确保在准备睡觉前完成了所有需要做的事情。有些人还喜欢把夜间瑜伽或冥想作为日常生活的惯例。如果睡眠问题对你来说是一个经常性的问题，那我建议你制订一个晚间计划。即使它不能立刻起作用，你最终也会体验到它所带来的平静。

✦ **睡觉前把第二天要用的东西都准备好。** 如果你第二天要出门，那就提前收拾好你的包，计划好你要穿什么，要吃什么午餐。尽可能少"惦记"一些事情，所以提前把它们安排好很重要。

我发现，如果睡觉前我的大脑是满的，那我就会很难入睡。而且我越是一直想着"赶快睡着，赶快睡着"，就越是睡不着，越是会过度思考为什么会失眠。

如果你因思虑过重而睡不着，可以试着画一棵担忧树（这是我的治疗师给我的建议）。我知道，当你只想睡觉的时候，我建议你起来做一件事可能听起来很奇怪，但有时起床做点什么，确实有助于你的身体重新进入睡眠模式。

你可以使用图 21-1 中的问题来处理你的担忧。你想怎么担忧就怎么担忧，这有助于你把正在思考的东西写在纸上，这样它们就不会在你的脑海里继续盘旋了。有时候，担忧只是需要被倾听和承认。当你这样做的时候，你就会意识到它们是非理性的，你对它们无能为力。并不是每个人都认为这种列出想法的过程是有帮助的，即使你这样做了之后没有立即停止担忧也没关系，它可能仍然有助于你入睡。

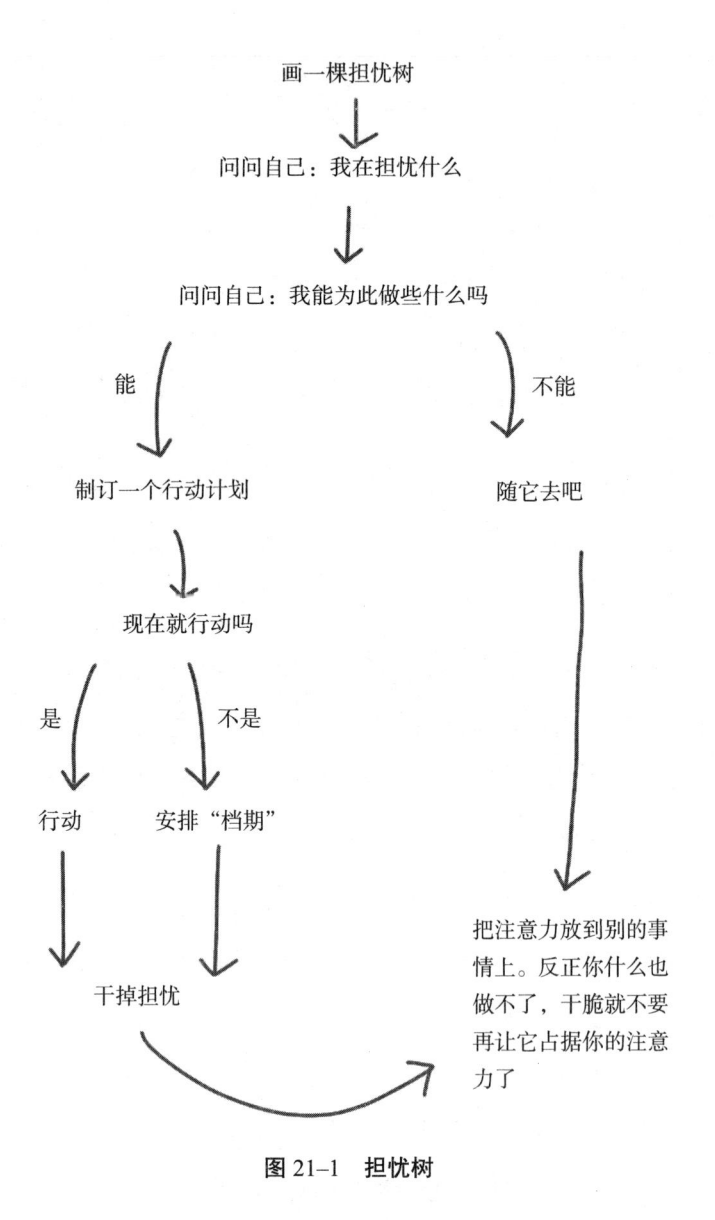

```
                画一棵担忧树
                     ↓
             问问自己：我在担忧什么
                     ↓
           问问自己：我能为此做些什么吗
              能  ↙            ↘  不能
        制订一个行动计划              随它去吧
               ↓
           现在就行动吗
          是 ↙      ↘ 不是
         行动       安排"档期"
          ↓            ↓
              干掉担忧                  把注意力放到别的事
                                        情上。反正你什么也
                                        做不了，干脆就不要
                                        再让它占据你的注意
                                        力了
```

图 21-1　担忧树

我想传达给你的主要信息是：如果你现在睡不着，不要惊慌。今夜终将结束，明日终将来临。失眠可能很令人沮丧，让你觉得很

第 21 章 当你因大脑太清醒而无法入睡时

累、很无力,但我向你保证,没事的。你最终会补上你错过的睡眠,满血复活。人们很容易对自己的疲惫感到恼火,但要记住这不是你的错。睡眠有它自己的工作机制;你无法控制它,所以尽量不要强迫它。躺在那里,闭上眼睛并不能让你更容易入睡。只有当你的身体准备好了,你才能睡着,所以尽你最大的努力平静下来。这个夜晚不会永远持续下去,即使你觉得自己已经在枕头上躺了很长时间。一切都会好起来的。

下面是我的朋友丹·卡佛(Dan Carver)讲述的自己睡眠困难的经历。

> 从我记事起,我的睡眠就不太好。我都记不清自己有多少个晚上盯着墙壁或天花板看,只睡三四个小时就醒来了。很多时候,我甚至在试图入睡之前就放弃了。我会和别人聊天到凌晨 1 点,或者工作到深夜,因为我知道无论如何那时我都应该上床睡觉了。
>
> 把自己累死也改变不了什么。我再筋疲力尽也睡不了几个小时,躺在床上,想再睡一个小时简直是不可能的事情。人们通常会建议失眠的人阅读、早睡、睡前一小时远离电子产品,等等。对于一个心理健康的"正常人"来说,这些可能是很好的建议,但它们对我都不起作用(尽管我知道这一切都是为我好)。
>
> 最近,我每天睡觉前都会写一点日记,把一天的焦虑和担忧都从大脑中赶走。我的日记从来都没有真正连贯或整齐

过，但它却总是很有帮助，至少我把这些烦恼都整理到了一个地方，而不是任由它们在我的大脑里肆虐。我把问题都发泄出来，让它们不再对我叨叨不休，之后我就可以回过头来试着了解，我该如何做出改变来改善自己的心理健康，比如制定一个日程表，与朋友保持联系。此举并不在于找到解决问题的办法，而在于帮助我建立一个健康的应对机制。

第 22 章
当你一夜未眠还不得不工作时

如果你一夜没有合眼，那你最不想做的事情就是起床去上班（或上学），但有时你不得不这样做。你会惊讶于睡眠对你精神状态的影响。如果你在没睡好之后变得超级情绪化，那我希望你知道，你不是一个人！我完全理解你。当我们睡不着时，我们的大脑会很疲惫——本来就累了一整天，现在还要整晚担心睡不着。然后越想睡着就越睡不着。我明白你的处境：你已经精疲力竭了，唯一想做的就是睡觉。记住，无论你的情绪有多强烈，你都能处理好它们。如果可以的话，大不了休息一天。

如果你今天实在是状态很糟糕上不了班（或上不了学），请不要为此感到内疚。睡不着又不是你的错。如果可以休息，而且休息对你来说是最好的选择，那就休息一下。话虽如此，如果你今天有必须要完成的任务，那恐怕你也别无选择。但这并不意味着你要逼迫自己去怎么样。温柔、友善、平静地跟自己对话，给自己加油打气。

有句话我再怎么强调也不为过：即使你不饿，也请按时吃东西和喝水。疲惫会使你失去食欲。我知道，一夜未眠，再加上为一天的工作焦虑，你肯定没什么胃口。但你要明白，食物和睡眠是你唯一的能量来源，既然没睡好，就更不能不吃好了。要照顾好自己，给身体补充能量。

此外，即使你醒来后觉得很累，也要像平时一样穿戴整齐，打扮好再出门。这将帮助你保持生活的常态，让你的一天感觉不那么"飘忽"。不要忘记，这一天终会结束，晚上你还能再睡。你只需要积蓄能量应对白天这几个小时的压力。相信自己，你可以做到的。如果可以的话，你可以随时休息一小会儿（在休息的时候，一定要吃点喝点什么）。你还可以和别人聊聊天，他们带来的社交能量也能帮助你保持清醒，不管你的身体现在感觉有多么像僵尸。

今天就只是一天，而你比这一天更重要，你会熬过今天的。如果你对此没有信心，你的大脑就会觉得很崩溃。当你疲惫的时候，你做事的能力往往会大打折扣，因为你无法通过思考来"冷却"技能。如果出现了这种情况，请停止同时做多件事情，而是一件一件来——先做手头的工作，完成后再做下一件事。你努力扛过这一天的样子，真美！如果事情真的太多了搞不定，也请放轻松，不要为此而自责，你已经很了不起了！

忧虑盒：我总怀疑自己得了重病

大家都说我像个小孩子，说我很愚蠢，总是反应过度，但我就是忍不住担心每件事。我不知道我的大脑是怎么运作的。一次小小的头痛就能被我想象成脑瘤，再微不足道的事情都会令我紧张不已。我不相信医生对我的诊断，每次头痛都让我心惊胆战。我不能再这样下去了。我不能再忧心忡忡了——这太累人了。我再也不想这样了。

我无法形容我对你的痛苦有多地感同身受。听起来你好像在和健康焦虑（疑病症）的一些症状做斗争，这是一种焦虑障碍。你过于担心自己的健康和幸福了，这会让你觉得每次疼痛都是你得了什么大病。我知道你的焦虑让你很累很累，但你可以找到方法来解决它们。焦虑并不意味着你很可怜，也不意味着你反应过度。是你大脑的思考方式让你感觉非常害怕。你的反应只是你正在经历的强烈想法和感受的结果。

这并不会让你变得愚蠢。尽管焦虑看似一个无休止的循环，但你是可以好起来的。我强烈建议你去寻求心理健康支持。你可以去看医生，而不是活在恐惧的包围中，你需要寻求支持来解决这个问题。

忧虑盒：我总是感觉精疲力竭

我总是感到很焦虑、很疲惫，即使是在睡觉的时候。每天我都感觉精疲力竭。

听起来你的大脑正在超速运转。我们的心理健康对我们的身体健康的影响是惊人的。即使你一整天坐着不动，不做任何费力的事，也仍然会因脑子里停不下来的思绪而感到疲惫。焦虑占据了如此多的能量，难怪你会觉得很累。我建议你白天的时候找些时间做点别的事，让你的大脑从思考中得到休息。我经常会读一会儿书或看一个视频节目，这会让我的思想暂时联结到故事中的角色上，而不是一直围着自己转。这种小块的休息时间有助于你的大脑慢下来。

第七部分

幸福，你值得拥有：
要不我们暂停一下来为你庆祝

第23章
当你对未来感到兴奋时

你能翻到这一页就是个好消息。恭喜你感到兴奋！但我要提醒你，即使你对未来感到兴奋，也要确保你的计划是切合实际的，这样你的兴奋才能持续下去。留心并思考你每天的情绪是如何波动的。当你与自己的心理问题做斗争时，你可能很难想象你想要的未来，而且消极的日子往往会多于积极的日子。然而，这并不意味着天平不会很快向另一端倾斜！这也不意味着你不应该感到兴奋或不应该为未来制订计划。在制订这些计划的时候，要确保你没有按照不切实际的标准来要求自己。记住，为未来做计划和强迫自己去做是有区别的！你不能指望自己每天都积极向上，也没人能做到！

当你感到如此兴奋时——尤其是如果你不经常有这种感觉的话——最好把你希望做的事情都写下来，列成清单。即使不是很大的人生目标也没关系！小事也同样重要。我们在生活中做的小事比大事多多了，那些小而有趣的活动甚至可能比大事更重要。先定一个小目标吧，它可以是计划和朋友一起参加一日游、上瑜伽课、计划即将到来的假期、创作艺术作品或音乐，抑或是写作。不管你对未来有什么期待，都把它填到表 23–1 中吧！

表 23–1　　　　　　　我对未来的期待

♥
♥
♥
♥
♥
♥
♥
♥
♥
♥
♥
♥

如果你也想专注于大的事情，可以做做下面这个可视化练习。当你对未来感到兴奋时，闭上你的眼睛，在脑海中想象一下，问问自己：

✦ 当你想到自己的未来时，你看到了什么？

第 23 章 当你对未来感到兴奋时

✦ 当你想象它的时候是什么感觉?

✦ 是什么让你如此兴奋?

✦ 试着想象它的一切——地点、那里的人,甚至你的新工作。你周围都有什么?

你有没有想象过某个特定的时刻?如果有,那它是你未来的目标吗?你现在是否正在为之努力?

在你做完这个练习后,如果你比较感兴趣并且不认为这会给你带来太大压力,你还可以写下为了实现未来你需要做的事情。记住,这项任务是为了减少你规划未来的压力,而不是给你增加压力。有些人觉得计划很有用,而有些人则不然。这完全取决于你自己。现在,请看图 23–1。

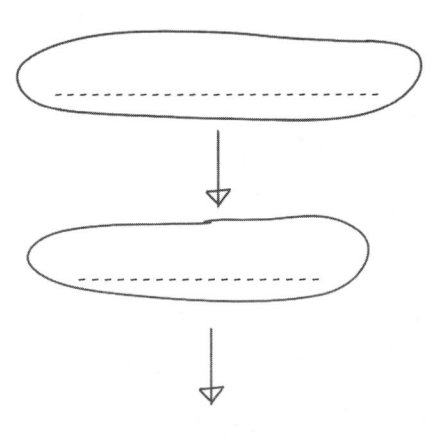

图 23–1　未来的计划

首先用你刚刚想象的东西填满图 23-1 顶部的第一个泡泡。如果你想象的东西太大或太多了放不下，那就先挑一个，一个一个来。按照你需要做的事情的顺序向前推进。比如，如果你想买一栋房子，那你肯定不能直接掏钱去买一套。你得先去找合适的房子。在那之前，你还需要决定自己想住在哪里。在那之前，你要么卖掉你现在住的房子，要么通知房东你要搬走了。甚至在那之前，你还需要攒钱买房子。同理，你很可能无法直接实现你的最终目标，所以有必要采取一些措施来帮助你实现！当你这么做的时候，要记住你还有时间——没有人期望你立刻就实现你的最终目标。你可以一步一步来。通常，对于大目标来说，迈出第一步都很困难。所以，即使你这么觉得也不能说明你是个失败者。

如果你正在因对未来的兴奋而纠结，下面有一些提示。

✦ 好事将近！你永远不知道接下来会发生什么。下周，你可能会收到一些好消息，遇到一些新的人，或者受到一些启发。前方总有好日子在等着你。

✦ 未来有无限的可能！有很多事情你还没有经历过——新的事情需要你尝试，旧的事情需要你重新审视。

✦ 你可能还没有经历自己生命中最美好的一天！你永远不知道什么会超越你目前"最喜欢的一天"。如果没有别的事情，就为你将回忆那天的快乐而感到兴奋。

✦ 你一直都在成长。你永远不会知道，未来，感到兴奋可能是常事哦。

第 24 章
当你度过非常美好的一天

听到你说今天过得很愉快,我真为你感到高兴!我知道你一定在想:"如果我很快乐,那为什么还要读这一部分呢?"好吧,这个"希望"部分旨在确保我们记录下并牢牢记住这些感觉,这样当我们的日子不那么美好的时候,我们就可以重温这些美好的瞬间!

在你感觉很好的日子里,请在日记中记下自己当天做了什么。因为在那些暗淡的日子里,我们很容易忘记曾经的美好。所以当你感到绝望时,要记得给自己灌注希望。就像给自己写信一样,你可以简单地写:"你知道吗,今天真的很美好。"

你可以在下页的横线上试一试。如果你喜欢这个练习,并且觉得它很有帮助,那你可以准备个日记本专门做这件事。在写日记时,你可以记录下一天当中自己最喜欢的部分以及它们带给你的感受。

你也可以记录下那天你感激的人或事。如果是人的话，就记下他们做了什么，以及他们是如何让你的一天变得如此美好的。你甚至可能想要感谢并报答他们。你可以制作一张感谢卡，给他们发一条短信，或者用传统的方式给他们写一封感谢信。

向你生命中的人表达感激之情，让他们知道他们如何帮助了你，你喜欢什么，你有多重视他们，这是很重要的。我们总是被困在自己的思想、问题和生活中，以至于有时忘记了伸手去向他人求助。你可能永远都不会知道，有些人可能愿意帮你做任何他们能做的事。所以，让他们知道他们的帮助对你来说有多重要不好吗？你也不知道他们是否哪天、哪周或哪一个月过得很糟糕，是否需要有人去主动联系他们，了解他们的情况。当我们心中充满善意时，将善意传递给我们所爱的人是很重要的——但同时也不要忘了善待自己。

在阳光灿烂的日子里，要为自己感到骄傲，并沉浸其中好好享受每一分钟！但在某些时候，你可能会试图将美好的日子和糟糕的日子做比较。尽量不要这样做。拥有美好的一天并不意味着你应该给自己施加压力，让自己觉得今后的日子都应该保持这种感觉。

在美好的日子里，你可能会觉得自己取得了更多的成就，因为你大脑中的信念更加积极。你可能会觉得自己更有效率，或者有能力完成那些在糟糕的日子里搞不定的事情。还是那句话：这都不是事儿。不要觉得你在糟糕的日子里很失败，仅仅因为你的工作/学习效率没有那么高。不要把美好的日子当作贬损糟糕日子的武器。比较两者对你不会有任何好处，更不用说这完全是不公平的。

在美好的日子里，大多数人会觉得：

+ 很积极；
+ 富有成效；
+ 快乐；
+ 不那么焦虑 / 情绪低落；
+ 思路清晰；
+ 充满希望。

在糟糕的日子里，大多数人会觉得：

+ 劳累；
+ 几近崩溃；
+ 情绪低落 / 焦虑；
+ 头脑不清楚；
+ 局促不安。

你不能指望在这两种日子里能完成同样的任务，或者拥有同样的精力和勇气！不管是糟糕的日子，还是美好的日子，都是生活的一部分。

对所有人来说，好日子和坏日子看起来都是不一样的。你可以在表 24-1 的空白中，提醒自己在其中的体验，补全表中的空白。当你这么做的时候，记住在所有的日子里都要为自己感到骄傲，而不仅仅是那些你觉得好过的日子。

表 24-1　　　　　美好的日子 vs 糟糕的日子

在美好的日子里，我感到

在糟糕的日子里，我感到

一定要好好享受那些美好的日子！如果这些日子都被你用来从

事高强度的工作，那你很可能会因忙过头而精疲力竭。美好的日子是你做那些喜欢但在糟糕的日子里无法成行的事情的绝佳机会。你可能会发现，做一些有趣的事情要比做那些富有成效的事情更有意义，因为有趣的活动能够重新联结你与生活的乐趣，甚至可以延长美好的日子！你应该享受乐趣、快乐和放松。

第 25 章

当你自我感觉良好时

哈利路亚，你终于开始看到自己有多了不起了！好吧，我就知道我不会搞砸的。我的意思是我为你开始爱自己而感到骄傲，即使这份爱只有一点点！这是你应得的，不要怀疑。

此时此刻，我鼓励你倾听自己，倾听你的身体和你的思想，让这种感觉渗入你的内心，与你自信的光芒联结在一起。那是骄傲的光芒。

那光芒真美。感受你内心的满足和自信吧，不要觉得这很愚蠢或很自我中心。当你抛开周围所有的眼光时，这种感觉就会产生，你的快乐不需要别人的判断和批准。你可能听过这个说法，但我还是要提醒你：做你自己就是你的超能力。

它是如此地真实！当我们自我感觉良好时，我们会迎来我们应得的尊重、爱和关心。

今天，你应该为自己做点什么，做点通常能让自己高兴起来的事情。比如，在家做一天Spa，或者去做真正的Spa！做一些你喜欢的皮肤护理或任何类型的身体护理！去购物，给自己买点东西——给自己花点钱！做一些瑜伽或冥想来帮助你放松！做你最喜欢吃的饭菜，因为，你值得拥有！

它甚至可以是你通常认为会为别人做的事情，但这一次，你是为自己做的：告诉自己休息一下，外出做一些有趣的事情，或者赞美自己。

在下面的横线上，写给自己一些美好的话语，以备将来需要鼓励的时候用。你可以用任何你喜欢的格式写，信件的形式、列表的形式或引用的形式，都可以。如果你喜欢的话，你甚至可以发挥创造性，用彩色铅笔装饰整个页面！

_____

_____

_____

_____

_____

_____

_____

你可能想看看今天是什么让你感觉良好。是你做了什么吗？是你的穿着给了你自信吗？是因为和你在一起的人吗？记住这些事情很好，这样我们就能有意识地与这些令我们感觉良好、鼓舞我们的人和事建立联结。

当你喜欢做某件事时

真棒，你有喜欢做的事情了。我猜，你之所以读这一部分的内容，是因为你最近一直在努力享受自己通常做的事情，尽管这一开始会让你很心烦，但你现在确实开始从一些事情中感受到乐趣了，希望这能让你感到轻松、兴奋，甚至心潮澎湃！真是太好了。

我还想确认一下，你没有因喜欢做某件事而感到内疚吧。很多时候，我们的幸福都被内疚感所笼罩。总会有一些想法不断盘旋在我们的脑海中，提醒我们没有通过努力工作来获得幸福，或者我们应该去做一些更重要的事情。在此我要提醒你，不是这样的。无论如何，你都配得上享受乐趣，不必为花时间做你喜欢的事情而感到内疚。

现在你已经找到了自己喜欢做的事情，让我们用思维导图来头脑风暴一下你可能喜欢的其他事情。找一张纸，在中间写下你今天喜欢做的一件事，然后在它周围画一个圈。当你想到某项跟它有关的活动时，不管是什么，就在旁边画一个分支出来。你可以参照图25–1 所示。

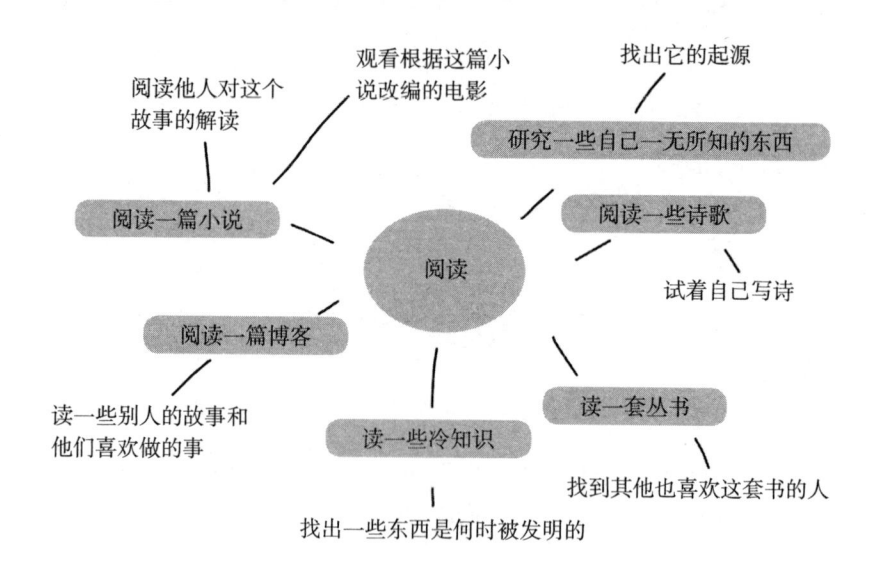

```
                    观看根据这篇小      找出它的起源
    阅读他人对这个    说改编的电影
    故事的解读
                                    研究一些自己一无所知的东西

        阅读一篇小说                      阅读一些诗歌
                            阅读
                                          试着自己写诗
        阅读一篇博客

    读一些别人的故事和              读一套丛书
    他们喜欢做的事     读一些冷知识
                                      找到其他也喜欢这套书的人
                 找出一些东西是何时被发明的
```

图 25-1　头脑风暴你可能喜欢的其他事

现在轮到你了，从下面的圆圈开始，进行头脑风暴吧。

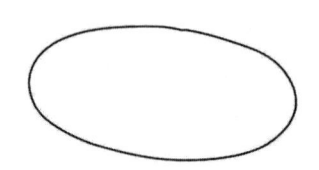

第 26 章

分享一些快乐

我通常会在书中分享一些网友在我网站上的"忧虑盒"中的留言。然而,由于快乐这种积极情绪与忧虑无关,因此我选择在此分享一些其他人的快乐。我问我的粉丝和朋友们他们最喜欢的感觉是什么,他们是这么说的:

✦ 灵感乍现的感觉。(这是我的!)

✦ 激情——花在点燃你灵魂的事情上。

✦ 我在海面下 20 多米,除了自己呼出的气泡声,什么也听不到,在浩瀚的世界中感到自己很渺小。这是我生命中最平静的时刻。

✦ 成就感。

✦ 那种进步和成长的感觉,当我终于能够做一些以前做不到的事情时,那种感觉就好像自己是个开挂的小仙女。

✦ 冷静。

✦ 那种全速前进的感觉。你甚至感觉自己要飞起来了!

✦ 满足感,要么来自取得某种成就,要么来自放松和真正享受生活。

+ 当你躺在床上，外面很冷，你裹着毯子和羽绒被的感觉。
+ 发现自己还活着，并为此感恩。
+ 被爱。
+ 有人崇拜自己的感觉。
+ 当你意识到，"哇！这真是太美了，而我正在这儿体验。"
+ 笑到哭出来。
+ 对某件事兴奋到快要爆炸的感觉。
+ 亲吻女朋友。
+ 感觉就像在家里，就像完全属于这里一样——肩上的重量减轻了。
+ 在温暖、阳光明媚的星期天早晨，美美地醒来，感觉很幸福。
+ 被我爱的人拥抱。
+ 回到家，看到我的狗站在门口等着我。
+ 阳光照在脸上。
+ 听海浪的声音。
+ 吃好吃的东西。
+ 爱的感觉……哈哈！从朋友那里得到一个大大的拥抱后，友谊的金子在胃里融化的那种踏实、温暖、黏腻的感觉，或者是几个月来第一次见到妈妈时的那种爱的冲动。
+ 为自己感到骄傲。
+ 激情。
+ 当看到自己在康复。
+ 幸福。

- ✦ 爱。
- ✦ 感觉自己很自信。
- ✦ 在海滩上。
- ✦ 感激自己。
- ✦ 为孩子们的成长感到幸福和自豪。
- ✦ 跳舞时的感觉。感觉就像在吸入最喜欢的东西，氧气尝起来也充满了平静和创造性。它是如此地纯净，令我幸福得头晕目眩。
- ✦ 对自己有信心。如果我满怀信心地醒来，接下来的一天都会很顺利。
- ✦ 宇宙对我眨眼的感觉。

现在，你已经读了世界上其他人最喜欢的感觉，想想你自己的感觉吧！

♥

♥

♥

♥

♥

♥

♥

♥

现在你已经读完了这本书，我希望你从中学到的一件事是，你绝不是一个人，而且永远都不是。我们都生活在社区中，这里有很多能理解你的感受和你的旅程的人。我们理解有时候（甚至是很多时候）你充满了消极情绪，也理解你可能需要帮助。如果你找不到聊天的人，你可以登录我的网站（positivepage.co）。在那里，你可以联系到那些和你有类似经历的人，阅读他们战胜情绪困扰的故事。我们必须彼此共情和同情，这既可以治愈孤独，又有助于澄清心理健康方面的误解。

我还想让你知道的是，你已经足够好了。你产生的所有情绪、经历的所有挣扎，都不能改变你已经足够好这一事实。

你的每一种情绪都是合理的，都值得被倾听。永远不要认为它们的存在让你不配得到爱和支持。你的痛苦并没有让你变得不可爱。很多人都需要你、爱着你，你很重要！

EMOTION FULL: A GUIDE TO SELF-CARE FOR YOUR MENTAL HEALTH AND EMOTIONS（HELP WITH SELF-WORTH AND SELF-ESTEEM, FOR FANS OF YOU CAN DO ALL THINGS, FEELING GOOD）by LAUREN WOODS

Copyright: 2020 LAUREN WOODS

This edition arranged with Mango Publishing（Mango Media Inc.）

through BIG APPLE AGENCY, LABUAN, MALAYSIA.

Simplified Chinese edition copyright:

2022 China Renmin University Press Co. Ltd

All rights reserved

本书中文简体字版由 Mango Publishing 通过大苹果公司授权中国人民大学出版社在全球范围内独家出版发行。未经出版者书面许可，不得以任何方式抄袭、复制或节录本书中的任何部分。

版权所有，侵权必究。

北京阅想时代文化发展有限责任公司为中国人民大学出版社有限公司下属的商业新知事业部，致力于经管类优秀出版物（外版书为主）的策划及出版，主要涉及经济管理、金融、投资理财、心理学、成功励志、生活等出版领域，下设"阅想·商业""阅想·财富""阅想·新知""阅想·心理""阅想·生活"以及"阅想·人文"等多条产品线，致力于为国内商业人士提供涵盖先进、前沿的管理理念和思想的专业类图书和趋势类图书，同时也为满足商业人士的内心诉求，打造一系列提倡心理和生活健康的心理学图书和生活管理类图书。

《情绪自救：化解焦虑、抑郁、失眠的七天自我疗愈法》

- 心灵重塑疗法创始人李宏夫倾心之作。
- 本书提供的七天自我疗愈法是作者经过多年实践验证、行之有效、可操作性强的方法。让阳光照进情绪的隐秘角落，让内心重拾宁静，让生活回到正轨。

《喵得乐：向猫主子讨教生活哲理》

- 没有难过的日子，只有自在的主子……
- 一本带你"吸猫"，从猫咪身上获得力量，促进自身成长的书。